节约型园林建设研究丛书

浙江省自然科学基金资助项目（LY16E080009）

杭州市园林绿化股份有限公司研发基金资助项目

功能导向的
节约型园林植物景观设计

卢　山　丁旭升　沈柏春　敬　婧　王　菲◎著

中国电力出版社
CHINA ELECTRIC POWER PRESS

内 容 提 要

本书从两个维度开展了多功能导向下的节约型园林植物景观设计研究。第一部分是基于节水、节材、节地等不同资源节约功能，对天津园林植物景观进行了节约性评价、植物筛选与群落设计研究；第二部分是基于节约功能与美化功能，对青岛与徐州园林植物景观进行了节约度和美景度评价、植物筛选与群落设计研究。研究方法与结果可为我国城市节约型园林绿化建设提供参考。

本书适用于园林设计师、景观设计师、风景园林专业师生及相关专业人员参考使用。

图书在版编目（CIP）数据

功能导向的节约型园林植物景观设计 / 卢山等著 . —北京：中国电力出版社，2019.3
（节约型园林建设研究丛书）（2020.1 重印）
ISBN 978-7-5198-2785-4

Ⅰ . ①功⋯ Ⅱ . ①卢⋯ Ⅲ . ①园林植物－景观设计－研究 Ⅳ . ① TU986.2

中国版本图书馆 CIP 数据核字（2018）第 289535 号

出版发行：中国电力出版社
地　　址：北京市东城区北京站西街 19 号（邮政编码 100005）
网　　址：http://www.cepp.sgcc.com.cn
责任编辑：曹　巍
责任校对：王小鹏
责任印制：杨晓东

印　　刷：北京博图彩色印刷有限公司
版　　次：2019 年 3 月第 1 版
印　　次：2020 年 1 月北京第 2 次印刷
开　　本：710mm×1000mm　16 开本
印　　张：14.75
字　　数：242 千字
定　　价：68.00 元

丛书指导委员会

前　　言

"绿水青山就是金山银山。"党的"十八大"以来，以习近平同志为核心的党中央，从中国特色社会主义事业"五位一体"总体布局的战略高度，从实现中华民族伟大复兴中国梦的历史维度，强力推进生态文明建设，引领中华民族永续发展。党的"十九大"报告中更是确立了"建成富强民主文明和谐美丽的社会主义现代化强国"的奋斗目标，把"坚持人与自然和谐共生"纳入新时代坚持和发展中国特色社会主义的基本方略，指出"建设生态文明是中华民族永续发展的千年大计"。

在生态文明建设新时代，园林绿化行业作为生态环保产业的重要支柱，其独特的绿色环保和生态理念已经得到越来越多的认可和重视，而且在提高人类生活质量、保障人类身心健康、享受自然美感、充实人类精神品位等方面具有其他行业无法替代的作用和不可取代的地位，由此展现出越来越广阔的市场前景。

我国人口众多，资源相对不足，人口日益增长与资源逐渐匮乏的矛盾已成为制约我国可持续发展的重要因素。随着人口与资源矛盾的不断加剧，建设节约型社会势在必行。园林绿化建设与水、土地、原材料等自然资源和能源有着密切的联系，节约型园林作为节约型社会的重要组成部分，在改善城市环境、建设和谐社会方面发挥着巨大作用。园林植物是园林绿化建设中最重要的材料。植物景观设计的优劣直接影响着园林绿地的质量及园林功能的发挥。因此，节约型园林植物景观设计是值得我们重视和深入研究的领域。

对于"节约型园林植物景观设计"这一术语，至今尚无权威的定义。从节约型园林建设的角度来看，人们可能首先想到的是减少投入、节约成本这个狭义的观念，认为"节约型园林植物景观设计"就是反对精品园林工程，提倡用极简主义进行园林植物的选择与配置。其实不然，它更多的应是从植物的种类选择、群落结构、生态系统、景观营造和养管成本等方面加以考虑，以顺应自然、响应自然为设计宗旨，合理利用自然资源，立足全局，最大限度地减少生态资源的消耗，改善城市的生态环境，完善城市生态系统的自我恢复能力。从广义来讲，所谓"节约型园林植物景观设计"，即在植物材料的选择和种植设计的运用上，以达到最大限度地发挥经济效益、生态效益及社会效益为目的，满足人们合理的物质与精神需求，最大限度地节约自然资源与各种能源，提高利用率，以最合理的投入获得最适宜的综合效益。

可见，节约型园林植物景观设计的目的是改善人居环境，实现园林绿地的多重功能效益。人们所需的功能只有与植物发挥的作用相对应才能真正实现园林植物的价值。重视不同场合园林绿化所需园林植物的差异，明确不同场地绿化的功能和目的，才能真正根据需要针对性地选择相应的树种进行园林植物景观设计，从而真正实现以人为本、造福大众。因此，本书从两个维度开展了多功能导向下的节约型园林植物景观设计研究。第一部分是基于不同资源节约性评价的园林植物景观设计，以天津城市公园典型植物群落为调查研究对象，将调研群落以公园为单位分为节水、节材、节地三类，采用层次分析法，分别构建节水型、节材型、节地型城市公园植物景观综合评价体系，对相应的群落进行综合评价，并详细分析评价结果。在此基础上，为营造不同功能目的的资源节约型植物景观分别筛选出天津地区适生植物材料，并提出群落模式与优化设计方案。第二部分是基于节约度与美景度评价的园林植物景观设计，以同处于我国南暖温带绿化区的青岛与徐州为例，在对两个城市园林植物群落进行实地调查的基础上，采用层次分析法，科学构建城市园林植物群落节约度评价体系，对青岛、徐州调查的 60 个植物群落进行节约度评价；同时，通过美景度评价法，对以上群落进行美景度评价。综合节约度与美景度评价结果进行分析，并对不同类型的典型植物群落案例进行探讨，提出优化模式。本书研究方法与结果可为我国节约型城市园林植物景观设计提供依据，为各城市构建节约型园林提供参考。

本书是各位作者通力合作的成果，各章节分工如下：卢山负责第 1 ～ 3 章，丁旭升负责第 11 ～ 12 章，沈柏春负责第 7 ～ 8 章，敬婧负责第 9 ～ 10 章，王菲负责第 4 ～ 6 章。全书由卢山、敬婧与王菲统稿。浙江理工大学建筑工程学院风景园林系陈波副教授为本研究的开展和本书的撰写提供了技术指导；该系硕士研究生邬丛瑜、李秋明、袁梦、俞楠欣、巫木旺、陈中铭、朱凌、冯璋斐等同学，以及杭州市园林绿化股份有限公司周之静、张楠、陈浩、来伊楠、蒋静静、李娜等同志为本书的撰写提供了相关素材与帮助。中国电力出版社曹巍编辑为本书的编辑与出版提供了指导与支持。书中部分资料引自公开出版的文献，除在参考文献中注明外，其余不再一一列注。在此一并表示衷心的感谢。

本书既可作为大专院校园林、风景园林、景观设计、环境艺术设计等专业的教材，也可作为园林景观相关专业学生与教师的培训资料，还可作为关注节约型园林绿化的科研人员、设计人员、施工人员及其他爱好者的推荐读物。

　　由于学识和时间的限制，书中难免会有不足甚至错误之处，衷心希望得到专家、读者的批评指正。

著　者

2019 年 1 月

目　　录

下篇 基于节约度与美景度评价的园林植物景观设计

上 篇

基于不同资源节约性评价的
园林植物景观设计

1

概　　论

1.1　研究背景

　　植物作为具有生命形式的天然材料，在园林中可以营造出多种多样的空间氛围，丰富园林空间，使人们产生美的感受。随着城市园林的建设与发展，绿化面积逐步扩大，但在建设过程中仍存在大量盲目引种、大树移植、反季节栽植、逆境栽植等铺张浪费现象，使城市依托的自然环境和生态资源遭到了严重破坏，这些现象都与我国人多地少、资源相对缺乏的特殊国情下倡导的资源节约型社会、可持续发展等理念背道而驰，这不仅加剧了资源供应与经济发展之间的矛盾，资源缺乏的同时也限制了社会经济的发展。因此，建设资源节约型园林绿化刻不容缓，且意义重大。

　　与园林绿化息息相关的资源主要有植物材料、土地和土壤、水分、光照、养护材料等自然与社会资源。当今，城市绿化用地过度紧张，使得充分挖掘绿化土地资源和空间，在有限的土地上发挥最大限度的利用率变得尤为重要。水资源作为植物新陈代谢的基本要素，用量巨大，而我国许多城市水资源紧缺，全国660多个城市中有400多个缺水，其中100多个严重缺水。因此，如何发展节水型园林绿化、缓解城市用水紧张，已成为缺水城市园林建设中急需研究并解决的问题。另外，最基本的植物景观建设与后期养护，都需要获取自然材料与人工材料，为避免对自然界的长期过度索取，发展低成本、节材型绿化刻不容缓。与此同时，对节约不同资源为导向的植物景观进行深入研究，对于建设综合节约型植物景观具有重要意义。

由于我国幅员辽阔，各区域气候、水文、地理等自然条件的不同，各地植物
景观形成了各具特色的地域性特征。因此，在探索节约型植物景观营造的同时应
考虑地域性差异，针对特定区域进行研究，本篇将研究目光聚焦于水、土地资源
较为紧张的天津。天津地处北暖温带，属半干旱气候，年降水量偏少，受海洋影
响河水含盐量大，因城市发展造成较大水污染，因此，水资源较为缺乏，且水源
单一，长期以来，城市用水主要依靠"引滦入津""引黄济津"工程。另外，天
津市盐渍化土壤占全市总面积的 35.6%，其中盐渍化耕地面积几乎占全市耕地面
积的一半，并且盐渍化土壤面积仍在不断扩大，这在很大程度上限制了绿化用地
面积与绿地生态效益的发挥。因此，对天津城市植物景观进行节水、节地、节材
研究十分迫切且意义重大。

1.2　相关概念界定

1.2.1　节约型园林绿地

俞孔坚教授提出：节约型城市园林绿地就是生态化的城市绿地，也是可持续
的绿地，必须通过生态设计来实现，生态设计的基本原理有地方性、保护与节约
自然资源、让自然做功和显露自然。

朱建宁教授指出：节约型园林的概念应包含以下四个方面的含义：一是最大
限度地发挥生态效益与环境效益；二是满足人们合理的物质需求与精神需求；三
是最大限度地节约自然资源与各种能源，提高资源与能源利用率；四是以最合理
的投入获得最适宜的综合效益。

综上所述，节约型园林绿地，是以最少的资源、能源、人力的投入，满足物
质与精神需求，并发挥最大的生态效益、经济效益与社会效益的园林绿地。要实
现这样的绿地，可采取的建设模式主要体现在节地、节水、节材、节能、节土等
方面。

1.2.2　园林植物景观设计

园林植物景观设计及其相关概念与内涵不断发展并更新，国内相关概念主要
有植物景观设计、植物造景、植物配植、植物配置、植物种植设计等。

植物造景更多是强调植物景观在科学与艺术方面的结合，侧重的是植物景观

的观赏特性，如造型、季相等。植物配植和植物配置，则包括两方面内涵：一是园林中各种植物间的配置；二是植物与其他景观元素，如山石、水体、建筑等的搭配。《风景园林基本术语标准》（CJJ/T 91—2017）中对种植设计的定义是："按植物生态习性、观赏特性和功能要求，合理配置各种植物的综合安排。"

随着景观生态学、可持续景观研究等学科的引入，以及生态园林的深入建设与发展，使得现代植物景观设计内涵有了更深更广的含义，不仅包括视觉艺术效果，也包含文化上和生态上的景观。

苏雪痕教授提出，园林植物景观设计是指运用乔木、灌木、藤本、竹类、花卉、草本等植物材料，充分发挥植物本身的形体、线条、色彩等方面的美感，通过艺术手法及生态因子的作用，创造与周围环境相适应、相协调的环境，追求植物形成的空间尺度，反映当地自然条件和地域景观特征，展示植物群落的自然分布特点和整体景观效果。

城市园林植物景观设计不仅仅是花草树木的简单种植设计，更是园林植物观赏性、生态性、艺术性、文化性的综合体现。以植物材料为主体，运用艺术学与生态学原理，结合地方特色，建设与周围环境相协调、相适宜的具有一定功能的园林植物空间。

1.2.3 节约型园林植物景观

1.节水型园林植物景观

在国内，学者们尚未对节水型园林植物景观的概念进行统一界定，但对于相关理论如何进行植物景观的节水性设计，如何构建节水性植物群落等已论述较多。国外对节水型园林植物景观的研究，重点在耐旱景观，是一种以节约水资源为目的的种植设计。通过合理的规划设计、因地制宜地选择植物、覆盖物的使用、调节土壤性状、规划实际可行的草坪、高效地灌溉以及合理地养护管理等措施，从而达到节水的目的。

经文献查阅与总结，节水型园林植物景观是指遵循因地制宜、适地适树原则，在考虑观赏效果、文化背景、生态效益及社会需求的同时，应用最多的耐旱植物，并考虑小气候和耐阴喜阳、耐旱喜湿等植物生态习性的耦合，使各类植物各得其所，生长良好，同时结合其他节水辅助措施，使用水量达到最小的园林植物景观，或起到净化水质效果的园林水景植物景观。

2．节材型园林植物景观

园林植物景观整个生命过程包括建造与养护两个方面，需要节约的材料包括植物材料和人工材料。节材型园林植物景观是指在园林植物景观建设与维护过程中，以最低的材料投入，获得最大的生态效益、经济效益与社会效益的植物景观模式。低投入高产出的节材型园林植物景观要求充分利用原有植物材料、乡土树种及经济作物，科学运用植物材料，合理规划景观结构，使群落维持自身生态平衡，从而减少植物材料及人工养护材料的消耗，并产生经济效益。

3．节地型园林植物景观

就节地而言，从广义上来说，节约用地是充分保留未被开发的土地，保护城市宝贵的土地资源；从狭义上来说，节约用地是合理利用规划范围内的土地，提高土地利用率。园林绿地是人工建设的产物，因此园林植物景观的节地应在狭义的单位土地内进行。研究节地性园林植物景观的重心不是片面缩减植物景观用地面积，而是以有限的土地，通过扩大平面密度、发展立体空间及搭配复层结构等途径，提高植物叶面积指数，提高植物景观的生态效益，实现土地利用率最大化。

1.3　研究的目的与意义

1.3.1　研究目的

近年来，随着我国城市化的迅速发展，城市绿化面积建设逐步扩大，但在建设过程中还存在大量资源浪费现象，这与我国在人多地少、资源相对缺乏的特殊国情下倡导的资源节约型社会、可持续发展等理念背道而驰，不仅加剧了资源供应与经济发展之间的矛盾，资源的缺乏同时也限制了社会经济的发展。因此，建设资源节约型园林绿化刻不容缓。

天津属半干旱气候，水资源较为缺乏，且供水源单一，城市用水需长期依靠"引滦入津""引黄济津"工程，绿化养护过程中水资源的大量消耗更是加剧了引水工程的负担。另外，天津市盐渍化土壤占全市总面积的35.6%，且面积还在不断扩大，这在很大程度上限制了绿化用地面积与生态效益的发挥。因此，将发展节水、节材、节地型植物景观作为针对天津特点的一种节约城市资源的对策，是缓解城市发展与资源紧缺矛盾的客观需要，是提高生态效益的重要环节，更是实现园林绿化可持续发展的必由之路。

1.3.2 研究意义

在理论方面，本篇的群落调查研究，为天津城市公园植物景观的建设与改造设计提供了现状依据；评价体系的构建，为城市公园中以资源节约为导向的群落研究，提供了一种新的综合评价方法，为营造更具科学与艺术价值的植物群落提供了理论基础；植物材料与群落模式的推荐，为天津资源节约型植物种类的筛选与植物景观的设计提供了科学依据。

在实践方面，对天津乃至我国整个北暖温带地区如何利用植物资源营造节水、节材、节地型植物景观具有实践指导意义，为缓解城市资源紧缺做出了一定的贡献。

天津城市公园植物景观调查研究

2.1　研究区域概况

2.1.1　自然环境

2.1.1.1　地理位置

天津市，为我国直辖市，位于华北平原海河五大支流汇流处，东临渤海，北依燕山，北距北京 120km，东、西、南方分别与河北省的唐山、承德、廊坊、沧州地区接壤，并与山东省、辽宁省隔海相望。市域位于东经 116°43′ ~ 118°04′，北纬 38°34′ ~ 40°15′，是中国北方最大的沿海开放城市。陆界长 1137km，海岸线长 153km，随着天津港、东疆港、天津南港等港口的建设和填海造陆工程的实施，天津的海岸线持续增长。

2.1.1.2　地质地貌

天津市地势以平原和洼地为主，堆积平原约占全市总面积的 93%，其中近80% 是河网密布的湿地和盐沼。天津北部有低山丘陵，海拔由北向南逐渐下降，东南部濒临渤海湾，是华北平原的最低点，是中国海拔最低的大城市。地处海河流域下游，是海河五大支流的汇合入海处，素有"九河下梢""河海要冲"之称。

2.1.1.3　气候条件

根据《我国城镇园林绿化树种区划研究新探》，天津位于北暖温带湿润、半湿润城市绿化区域，属大陆性暖温带季风气候，主要受季风环流影响，四季分明，温差较大。春季多风，干旱少雨；夏季炎热，雨水集中；秋季气爽，冷暖适中；冬季寒冷，干燥少雪。年平均气温在 12℃ 左右，1 月平均气温最低，为 -4℃ 以下；7 月平均气温最高，为 26℃ 左右，极端最低与最高气温平均值分别约为 37℃ 与 -14℃。年平均降雨量为 600mm 左右，全年 3/4 的降水量都集中在夏季 6～8 月份，冬天的降水量只占了全年的 2%～3%。

2.1.1.4　土壤特征

天津市主要土壤大类为棕壤土类、褐土土类、潮土土类、沼泽土土类、水稻土土类、滨海盐土土类。其中，潮土土类面积最大，多分布在宝坻、武清、宁河、静海及各郊区，约占全市土壤总面积的 72%；滨海盐土土类分布于塘沽、汉沽、大港等区，占 6.97%；褐土土类分布在蓟县，占 6.74%；沼泽土是洼淀在淹水条件下经历潜育化形成而成，占 2.6%，多数沼泽土产生脱水现象向潮土过渡；棕壤土类分布在蓟县北部海拔 700m 以上的山头，占 0.07%；水稻土土类分布于有水源条件的海河、蓟运河两岸。就全市来讲，天津的西北部土壤条件较好，古树名木在这一地区也分布较多，树木生长较为茂盛。滨海地区地势低洼，土壤含盐量高，通透性差，树木生长较为困难。

2.1.1.5　自然植被

天津经纬跨度均不足 2°，又无突出地形变化，境内大气环流及水热条件均无明显地带性差异，植被类型属于暖温带落叶阔叶林显域性植被。北部山区存在垂直地带性变化，非地带性植被发育旺盛，全市坑塘洼淀众多，在调节水热平衡方面具有重要意义。根据植物资源调查结果，天津市域内共有 11 个植被类型、16 个群系、32 个群丛。其中，森林植被有 3 个植被型，灌木植被有 1 个植被型，草木植被有 5 个植被型，以及栽培植被型 1 个。

地表植被有针叶林、落叶阔叶林、针阔叶混交林、杂草草甸、盐生草甸、灌草丛、沙生植被、水生植被、沼泽植被、人工林、栽培植被等。针叶林以油松为主，针阔叶混交林以栓皮栎和油松、油松和槲栎为主，杂草草甸的植被主要有白茅和狗尾草，盐生草甸只能生长一些耐盐类的植物，如芦苇、獐毛、盐地碱蓬等。灌草丛是因原始的森林植被破坏后而形成的次生类型，植被以酸枣、荆条、白羊草为主。沙生植被主要有大叶藜、猪毛菜，水生植被种类较多，有芦苇、香蒲、水芹、水葱、盒子草等，沼泽植被主要有芦苇、碱菀、盐地碱蓬等，人工林在广大平原地区栽植多为落叶阔叶树。

2.1.2 社会经济

天津地处我国环渤海地区中心，是北方地区最大的港口城市，也是东部沿海开埠最早的城市之一，在近代这里拥有着辉煌的工商业，新中国成立初期更是创造了几十项中国"第一"，包括第一台拖拉机、第一台电视机、第一台缝纫机、第一只手表等。现今的天津出现了日新月异的变化，滨海新区开发开放的宏伟战略，受到了国家的大力支持和国际社会的广泛关注，使得天津在城市建设、经济社会等多方面都有了极大发展并跨上了新的台阶。据统计，2017年，全市生产总值（GDP）18 595.38 亿元，按可比价格计算，比上年增长3.6%，在全国主要城市GDP总值排行榜中位居第六位。

2.1.3 历史文化

天津的历史文化有着独特的魅力和丰厚的积淀，尤其是开埠以来的近代历史文化，特色鲜明且内容丰富。滨海枕河的天津，因盐业和漕运兴旺而发祥，带来运河文化、海洋文化、妈祖文化及交汇融合的南北文化。来自各方的文人们在此酬唱挥毫，逐渐形成了天津独特的地方民俗文化，随之产生了较多的民俗文化景观，如娘娘宫、石家大院、古文化街等。英国、法国、美国、俄罗斯、意大利、比利时和奥地利等九国先后在天津设立的租界，彻底改变了天津城市的结构和发展方向，租界内陆续出现的各种结构和形式的大楼、花园和洋房，构成了天津城市独特的历史文化景观。据考证，近代有200余位名人政要曾经在天津留下了寓所、足迹和故事，构成了天津独具魅力的城市人文景观。

2.1.4 城市绿化

天津在城市园林绿化建设上，坚持"低碳、大绿、生态"的理念，全面开展了公园绿化、外环绿带、垂直绿化、城市绿道、道路绿廊、绿荫泊车"六绿工程"等绿化项目。截至2017年，城市绿化覆盖率达到38%，绿地率达到33%，人均公园绿地面积达到11m^2，充分发挥了城市园林绿化的固碳释氧、防风固沙、降温增湿、吸尘防污的生态作用。目前，天津城市公园数量已达102座，与5年前相比增加了19.5%，使更多城市居民享受到了"家在园中""出门见绿"的绿色生态生活。

2.2 研究方法

2.2.1 调查样地

本研究调查范围为天津城市公园绿地，选取不同年代、不同区域、不同风格、不同功能类型和规模的代表性城市公园，共计 7 个（见表 2-1），并采用法瑞学派的典型选样原则，选取天津各个城市公园中的典型植物群落，共计 30 个。因城市公园植物景观多为人工栽植的植物群落，为了能够保证植物景观的完整性，本研究以有较明确边界的植物群落作为研究样地进行群落学调查。群落类型包括复层型、疏林型、密林型、滨水型、山地形等植物群落，基本能反映天津城市公园植物景观整体概况。

表 2-1 　　　　　　　　　调查所涉的天津城市公园

名称	样地数量	绿地分类		面积（hm²）	建成年代（年）
睦南公园	4	专类公园	月季主题园	1.8	1998
人民公园	4	专类公园	风景名胜公园	14.21	1951
桥园	2	专类公园	生态湿地公园	22	2006
水上公园	8	综合性公园	市级公园	125	1951
泰丰公园	4	综合性公园	区域性公园	21.6	2010
河东公园	4	综合性公园	区域性公园	10	1995
南翠屏公园	4	综合性公园	区域性公园	33.5	2009

2.2.2 调查内容

调查和记录上述各个样地内植物群落的生态特性、地形特征、群落结构、植物株数、植物生长状况等基本信息。其中，针对乔木层与灌木层，调查每一株植物的种名、株数、高度、胸径、冠幅及生长状况；对灌木绿篱与地被植物，调查其种类、面积盖度、高度及生长状况等数据信息；并绘制植物群落平面图，拍摄现场各个角度的植物群落照片，包括全景、局部与特写。基础数据的调查、记录与统计是植物群落结构分析、植物景观评价以及后期案例优化设计的基础资料。植物群落调查表详见附录 A。

2.2.3　植物群落特征示意及计算方法

1. 高度

树木自然生长的高度，即树冠顶端到地面的垂直长度，单位为 m，保留一位小数。

2. 胸径 / 地径

乔木胸径为树高 1.3m 处树干直径，单位为 cm；灌木地径指主干靠近地面处的直径，单位为 cm。

3. 冠幅

冠幅是植物树冠东西和南北方向宽度的平均值，单位为 m，保留一位小数。

4. 盖度

样方范围内，某植物物种垂直投影面积之和占所有物种垂直投影面积之和的比率。

$$盖度 = \frac{某物种垂直投影面积之和}{所有物种垂直投影面积之和} \times 100\%$$

5. 频度

频度是某植物物种在调查范围内出现的频率。

$$频度 = \frac{某物种出现的样方数}{全部样方数} \times 100\%$$

6. 多度

样方范围内，某物种的个体数占所有物种个数的比率。

$$多度 = \frac{某物种的个数}{所有物种个数之和} \times 100\%$$

7. 重要值

重要值是评估物种多样性时的重要指标，以综合指数表示某个物种在群落中的相对重要程度。美国的麦金托什（R. P. Mcintosh）和柯蒂斯（J. T. Curtis）多将其用在森林自然植物群落研究中。本研究以相对频度、相对高度和相对盖度来计算各层植物的重要值。

乔木：重要值（%）＝（相对多度＋相对频度＋相对盖度）/3×100%

灌木：重要值（%）＝（相对频度＋相对盖度）/2×100%

草本植物：重要值（%）＝（相对频度＋相对盖度）/2×100%

式中：相对频度＝某物种的频度/所有物种的频度之和×100%

相对多度＝某物种的多度/所有物种的多度之和×100%

相对盖度＝某物种的盖度/所有物种的盖度之和×100%

8.物种多样性

在本研究中，衡量物种多样性采用香农-威纳指数（Shannon-Wienner），即

$$H = -\sum_{i=1}^{S} P_i \ln P_i$$

式中，S 为群落中物种数目；P_i 为物种重要值。

2.3 结果与分析

2.3.1 物种组成

2.3.1.1 科属种分析

根据本次调查公园样地内植物种类汇总表（见附录B），7个公园30个样地中共有种子植物140种（不包括种以下级别），隶属47科101属（见表2-2），其中，乡土植物有80种，占总数的57%。本研究将生活型划分为乔、灌、草、藤4种类型，占比分别为44%、23%、32%、1%。

表 2-2　　　　　　　　　　天津城市公园调查样地内物种数

物种	天津调查样地		
	科	属	种
乔木	23	45	61
灌木	16	27	32
草本	18	38	45
藤本	2	2	2
合计			140

从科属的统计分析来看（见表2-3），天津调研样地内木本植物主要集中分布于蔷薇科、木犀科，其中蔷薇科12属20种，木犀科5属8种；其次是豆科、柏科和松科，豆科5属7种，柏科3属7种，松科3属6种。草本植物主要分布于菊科与百合科，菊科6属7种，百合科5属7种。从区系分布来看（见表2-3），

主要以世界分布和温带性科为主,植物主要以暖温带落叶阔叶植物为主。蔷薇科、木犀科、豆科、柏科、百合科、菊科、松科 7 个科占总科数的 15.22%,共有植物 62 种,占总数的 66.67%。天津城市温带性科优势明显,热带、亚热带成分较少,这与天津地处暖温带北部、临近中温带地区相关。

表 2-3　　　　　　　　　　　天津城市公园植物科分布型比较

序号	科名	区系分布	属数	种数
1	蔷薇科（Rosaceae）	世界分布、北温带多	12	20
2	木犀科（Oleaceae）	热带、温带	5	8
3	豆科（Leguminosae）	世界分布	5	7
4	柏科（Cupressaceae）	世界分布	3	7
5	百合科（Liliaceae）	世界分布,温带—亚—热带为主	5	7
6	菊科（Compositae）	世界分布	6	7
7	松科（Pinaceae）	世界分布	3	6
8	唇形科（Lamiaceae）	世界分布	5	5
9	禾本科（Gramineae）	世界分布	4	5
10	漆树科（Anacardiaceae）	热带—亚热带,少数延伸到北温带	4	4
11	忍冬科（Caprifoliaceae）	北温带—热带	4	4
12	杨柳科（Salicaceae）	北温带—亚热带	2	4
13	桑科（Moraceae）	北温带—亚热带—热带	2	3
14	榆科（Ulmaceae）	热带—温带	2	3
15	景天科（Crassulaceae）	世界分布,北温带—热带为主	3	3

2.3.1.2　重要值分析

对于某个群落来说,重要值越大的物种,重要性越高,为该群落的优势种。它们一般是群落里那些个体数量多、体积较大、生物量高、投影面积大、生活能力强、占有竞争优势与一定地位的树种。

研究一个地区植物群落物种的重要值,可以得出该地区的优势种情况。因天津调研城市公园与其中样地均具备代表性的特点,样地绿化基本能够反映天津绿化整体状况,因此,样地内植物重要值结果基本能代表天津植物优势种情况。重要值较高的优势植物在天津城市公园中相对其他植物适应性较高,获取资源能力较强，养护需求较低，可作为天津城市绿化基调树种，对建设天津资源节约型植物景观具有重要意义。

天津城市公园乔木树种重要值排序见表2-4，乔木以乡土、落叶树种为主，重要值大于3的有8种，大于2的有16种；其中绒毛白蜡是天津市市树，刺槐为著名的公园绿化树种，具有较为明显的地带性特征。灌木树种重要值排序见表2-5，重要值大于3的有13种，大于2的有15种，这些植物占据了下层绿化的主导地位。灌木以乡土树种为主，常绿与落叶树种比例相差不大，重要值最高的月季为天津市市花，具有较为明显的地带性特征。草本花卉重要值排序见表2-6，重要值大于3的有11种，大于2的有12种，这些植物占据了地被层主导地位。草本花卉以外来植物为主，但在天津市栽培已久，能够适应当地气候环境，生长良好。调查中发现，天津草本花卉种类虽较为丰富，但应用区域较少，地面表土覆盖仍以草坪为主，在今后的绿化建设中应控制草坪面积并逐步推广抗逆性良好的草本花卉的运用。

表 2-4   天津城市公园乔木树种重要值排序

树种	重要值（%）	树种	重要值（%）	树种	重要值（%）	树种	重要值（%）
绒毛白蜡	9.921	一球悬铃木	1.960	石榴	0.782	杏树	0.403
刺槐	9.576	刺柏	1.887	银杏	0.764	李子	0.387
国槐	8.148	雪松	1.786	梨	0.754	豆梨	0.387
桃	4.619	山楂	1.759	龙桑树	0.667	火炬树	0.382
毛白杨	3.231	构树	1.706	悬铃木	0.625	梧桐	0.381
海棠	3.184	女贞	1.597	紫荆	0.623	榉树	0.357
栾树	3.067	黑松	1.517	榆树	0.621	糖槭	0.314
意杨	3.062	香椿	1.243	白皮松	0.584	红皮云杉	0.312
樟子松	2.986	柳树	1.188	樱花	0.568	侧柏	0.274
黄金槐	2.929	合欢	1.161	泡桐	0.542	梓树	0.274
红叶李	2.896	臭椿	1.050	杜仲	0.504	石楠	0.265
龙柏	2.738	核桃	1.038	馒头柳	0.504	柿树	0.240
旱柳	2.709	苹果	1.011	元宝枫	0.484	红松	0.232
圆柏	2.695	皂荚树	0.991	桑树	0.456	杏树	0.403
龙爪槐	2.419	丝棉木	0.898	黄栌	0.430	豆梨	0.387
日本晚樱	2.227	五角枫	0.808	黄连木	0.408	火炬树	0.382

表 2-5　　　　　　　　　天津城市公园灌木树种重要值排序

树种	重要值（%）	树种	重要值（%）	树种	重要值（%）	树种	重要值（%）
月季	15.340	连翘	4.307	迎春	1.460	枸杞	0.473
大叶黄杨	11.971	黄杨	4.177	红瑞木	1.272	锦带花	0.472
金银木	6.810	紫叶小檗	4.086	榆叶梅	1.126	玫瑰	0.469
黄刺玫	6.290	紫薇	3.264	木槿	1.124	三角梅	0.453
丁香	5.842	珍珠梅	3.155	蓝翠高山刺柏	0.922	砂地柏	0.450
金叶女贞	5.231	猬实	2.315	铺地柏	0.677	平枝栒子	0.441
小叶女贞	4.486	金叶榆	2.120	长春花	0.662	苏铁	0.431
凤尾兰	4.362	糯米条	1.785	小蜡	0.488	棣棠花	0.428

表 2-6　　　　　　　　　天津城市公园草本花卉重要值排序

树种	重要值（%）	树种	重要值（%）	树种	重要值（%）	树种	重要值（%）
银边玉簪	11.303	鼠尾草	2.549	蛇鞭菊	1.101	金光菊	0.941
费菜	8.603	黑麦草	1.850	随意草	1.101	千屈菜	0.928
八宝景天	7.323	天人菊	1.707	紫露草	1.069	鸡冠花	0.909
萱草	6.327	薰衣草	1.580	香蒲	1.065	细叶芒	0.909
马蔺	5.663	鸢尾	1.484	芒	1.037	矮牵牛	0.877
吉祥草	5.586	一串红	1.324	佛甲草	1.005	木葱	0.877
千鸟花	4.645	彩叶草	1.311	沿阶草	0.976	菊花	0.861
白花车轴草	3.719	狼尾草	1.260	波斯菊	0.973	芦苇	0.858
紫萼玉簪	3.638	大花马齿苋	1.228	非洲万寿菊	0.973	芍药	0.845
美人蕉	3.634	蛇莓	1.133	草芙蓉	0.941	金鸡菊	0.797
玉簪	3.017	鸭跖草	1.133	花烟草	0.941		

2.3.1.3　应用频率分析

　　对比重要值及应用频率（见表 2-7）分析，不难发现，天津城市公园中具有较高重要值的树种应用频率也较高，充分说明了这些植物对于天津城市绿化的重要性。同时，由于部分树种的出现频率过高，反映出植物景观的组成单调性，组合缺少丰富的变化，在后期规划设计时，应均衡基调树种的出现频率，避免某些植物运用过多。

表 2-7 天津城市公园各木本植物的应用频率

频率	树种
$10 \leq f \leq 15$	刺槐、国槐、大叶黄杨
$7 \leq f < 10$	绒毛白蜡、龙柏、龙爪槐、圆柏、金银木、小叶女贞、月季、紫叶小檗、丁香、凤尾兰、金叶女贞
$4 \leq f < 7$	刺柏、构树、海棠、黄金槐、栾树、桃树、红叶李、毛白杨、紫薇、黄刺玫、黄杨、连翘、榆叶梅、珍珠梅
$2 \leq f < 4$	臭椿、旱柳、合欢、核桃、苹果、山楂、香椿、雪松、一球悬铃木、黑松、金叶榆、梨、柳树、女贞、石榴、丝棉木、意杨、樱花、榆树、皂荚、红瑞木、金叶榆、木槿、迎春、爬山虎
$f = 1$	白皮松、侧柏、豆梨、杜仲、红皮云杉、红松、黄刺玫、黄连木、黄栌、龙桑树、馒头柳、泡桐、桑树、柿树、糖槭、五角枫、杏树、悬铃木、银杏、樟子松、梓树、蓝翠高山刺柏、李子、玫瑰、糯米条、铺地柏、蔷薇、三角梅、砂地柏、苏铁、猬实、小蜡

2.3.2 群落结构

群落的水平结构是指群落在水平空间上的配置状况和格局，基本可以划分为两大类型：纯林式群落和混交式群落。纯林式群落以单一树种构建植物群落，混交式群落乔木层以两种或两种以上树种构建植物群落。在调查的天津市 30 个植物群落中，多以混交式植物群落为主，个数与比例如图 2-1 所示。

群落的垂直结构是指群落垂直方向上的分层现象，基本可以划分为两大类型：单层式群落和复层式群落。在调查的天津市 30 个植物群落中，按垂直结构分类可分为乔木型、乔—草型、乔—灌型、乔—灌—草型，个数与比例如图 2-2 所示。复层植物群落结构更加完善，不仅最大限度地利用土地空间资源，还能使群落内所有植物充分利用水分、热量、光照等自然资源，保障了单位面积上生态效益的最大化。因此，在天津城市公园中应用最多，可为后期植物景观模式的演绎与构建提供参考素材。

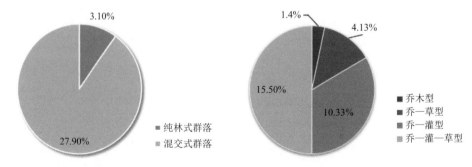

图 2-1 天津城市公园植物群落水平结构类型　图 2-2 天津城市公园植物群落垂直结构类型

2.3.3　空间类型

根据天津调查结果，空间类型比例如图 2-3 所示。运用较多的空间类型为半开敞空间、开敞空间与覆盖空间。调研样地中半开敞空间主要有两种类型：一种是空间内植物布置均匀并具备较为良好的通透性，游人视线可透过稀疏的树干达到远处的风景；另一种是空间开敞程度较小，分为封闭与开敞两面，封闭面植物较为密集用于阻挡视线，开敞面植物低矮，空间开阔。

运用最多的半开敞空间具备景观变化丰富、能够引导游人视线、提供游憩活动空间且具备一定的私密性等优势。位于其次的覆盖空间与其他空间类型的结合能够显著丰富园林空间层次，提高绿量，并为游人提供遮荫活动空间，这样的布局在绿化设计与改造过程中可优先考虑。

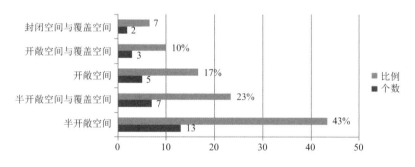

图 2-3　天津城市公园植物群落空间类型比例

2.3.4　季相变化

2.3.4.1　常绿与落叶、针叶与阔叶树种的比较

天津城市公园绿地中，植物以落叶阔叶树种为主，搭配常绿针叶和常绿阔叶树种，落叶树种在季相变化上更具优势，四季差异明显，景观效果更佳。因冬季过于寒冷、四季降水不均等气候因素的影响，较大程度上限制了常绿阔叶树种的生长，因此天津常绿乔木几乎均为针叶树种，常绿阔叶树种一般为灌木。天津调查样地中常绿树种与落叶树种物种数比例约为 1：3，针叶树种与阔叶树种物种数比例约为 1：6（见表 2-8）。

表 2-8　　　　　　　天津城市公园常绿与落叶、针叶与阔叶树种统计

植物类型	种数（比例）	植物类型	种数（比例）	植物类型	种数（比例）
常绿树种	25（27%）	针叶树种	14（15%）	常绿针叶树种	14（15%）
				常绿阔叶树种	11（12%）
落叶树种	68（73%）	阔叶树种	79（85%）	落叶针叶树种	0（0%）
				落叶阔叶树种	68（73%）

2.3.4.2　群落类型

天津城市公园植物群落类型比例如图 2-4 所示。其中，针阔混交型群落最多，为 19 个，这样的群落林冠线跌宕起伏，四季有景可赏，整体植物景观造型更加丰富、优美。其次为常绿落叶阔叶混交型，为 7 个，在春、夏、秋三季观赏价值高，而冬季因受地域性影响，常绿阔叶树种以灌木为主，其与乔木落叶树种对比鲜明，使得上层空间景色过于简单。比例最少的是落叶阔叶型，为 4 个，春、夏两季为特色观赏季节，秋季叶色缺少变化，冬季落叶后，树干构成的景观效果虽有特色但较为单调。

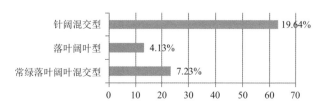

图 2-4　天津城市公园植物群落类型比例

为服务于城市所处的环境和功能要求，使得较为单调的落叶阔叶型地带性植被不占优势，但在三种群落类型中植物都以地带性落叶阔叶树种为主，因此植物群落仍然具备较明显的地带性特色。

2.3.4.3　观赏部位

1．观叶

叶形、叶色优美而具有较高观赏价值的植物为观叶植物，其亦能开花，但观叶价值一般优于观花价值。在园林中，通常以叶色作为观叶植物的观赏要素，主要分类有春季新发嫩叶为显著不同色的春色叶树种，秋季或经霜后有显著变化且

观赏价值较高的秋色叶树种，常年异色的常色叶植物，具有条纹、斑点或异色镶边的彩叶植物。天津春色叶树种较少，秋色叶树种丰富，以黄、红色系为主，配以紫红色系与金色系的常色叶乔灌木和彩叶地被，可极大地丰富季相效果。但由于常色叶植物与彩叶植物种类较少，在后期植物引种驯化过程中，可适当增加栽培彩叶植物与常色叶植物。

天津春色叶植物主要有红叶石楠、臭椿、旱柳等，呈红色、紫红、嫩绿系；秋色叶植物以乔木为主，呈红色、黄色系，红色系植物主要有火炬树、黄连木、黄栌、榉树、元宝枫、柿树、五角槭等，黄色系植物主要有绒毛白蜡、悬铃木、银杏等，灌木秋色叶植物主有红瑞木，藤本为爬山虎；常色叶植物有紫红色系的红叶李、紫叶小檗，金黄叶的金叶女贞、金叶榆、黄金槐；彩叶植物均为草本花卉或地被植物，主要有彩叶草、银边玉簪、菲白竹等。

2．观花

观花植物种类繁多，花色绚烂，形状各异，深受人们所喜爱。天津观花季节以春季与夏季为主，花色主要有黄、红、蓝紫、白4个色系。天津乔木层观花植物占52%，灌木层观花植物占70%，草本层观花植物占84%（见表2-9）。

表2-9 天津城市公园观花植物

观花季节	植物种类
春季	乔木：黄连木、杏花、皂荚、榆树、豆梨、红叶李、榉树、李子、臭椿、梨、泡桐、苹果、绒毛白蜡、刺槐、核桃、梧桐等 灌木：樱花、桃树、海棠、日本晚樱、紫荆、迎春、连翘、小蜡、三角梅、丁香、榆叶梅、黄刺玫、棣棠、紫叶小檗、锦带花、月季等 藤本：金银花 草本：矮牵牛、花烟草、白花车轴草、佛甲草、鸢尾、芍药等
春末夏初	乔木：黄栌、山楂、石榴、丝棉木等 灌木：红瑞木、金银木、玫瑰、猥实等
夏季	乔木：石楠、合欢、国槐、火炬树、梓树、栾树、香椿等 灌木：凤尾兰、枸杞、紫薇、木槿、糯米条、珍珠梅等 藤本：爬山虎 草本：萱草、千鸟花、香蒲、鸭跖草、薰衣草、费菜、波斯菊、草芙蓉、蛇莓、大花马齿苋、鼠尾草、银边玉簪、蛇鞭菊、千屈菜、玉簪、美人蕉、鸡冠花等
秋季	灌木：月季、凤尾兰、枸杞、木槿等 草本：狼尾草、紫露草、八宝景天、金光菊、天人菊、吉祥草等
冬季	彩叶草、芦苇
常年开花	长春花

3．观果

凡果实形状或色泽具有较高观赏价值者，通常被称为观果植物。果实意味着丰收，收获果实可象征满载而归、硕果累累、受益匪浅等主题，且不同的果实有着不同的象征，如桃象征长寿，石榴籽喻多子多福。因此，观果植物在园林中不仅观赏价值较高，且更易与不同主题的景观相搭配。天津观果期主要集中于夏季和秋季，果色以红色系为主。夏季观果植物有构树、桃、苹果、梨、刺槐、豆梨、核桃、红叶李、李子、桑树、杏树等；秋季观果植物主要有女贞、山楂、枣树、桃、海棠、糖槭、苹果、臭椿、石榴、柿树、银杏、梓树、紫叶小檗、金叶女贞、枸杞、月季等。

4．观枝干

树木的枝干因其生长特性及具体生境的影响，树干会呈现灰白色、暗绿色、古铜色、斑驳色等，老干会呈现虬曲、斑驳、龟裂、盘绕等形态，颇具观赏价值。观干树种不仅在冬季为观赏焦点，在其他季节也有画龙点睛的作用。天津观干树种主要有：树皮白色的白皮松、毛白杨、核桃；树皮斑驳的悬铃木、紫薇；树皮黄褐的绒毛白蜡；枝干红色的红瑞木；枝干金黄的黄金槐；枝干扭曲的龙爪槐、龙桑；枝干飘逸的旱柳；树干苍劲的刺槐；枝干或树皮带刺的皂荚、石榴、枣树、黄刺玫、月季等。

天津城市公园资源节约型植物景观综合评价

3.1 评价对象

　　根据节水、节材、节地型植物景观的特点，以公园为单位将调研样地分为3种资源节约型植物景观的评价与调研对象。节水型植物景观公园选择参考因素为：耐旱植物比例、种植结构、草坪面积比例等。节材型植物景观公园选择参考因素为：乡土树种比例、养护需求、经济植物、速生与慢生植物搭配比例、幼树与成年树搭配比例等。节地型植物景观公园选择参考因素为：种植模式、立体绿化、生态适应性等。

　　综合分析7个被调查公园的植物景观状况，确定节水型城市公园植物景观研究对象为睦南公园、人民公园和桥园。睦南公园内耐旱树种比例高，复层型与密林型群落结构稳定性高，且郁闭度大，使得水分蒸发速率相对减小，大面积的月季覆盖地面，较好地控制了草坪地块的运用，具备节水性优势；桥园利用生态恢复和再生的理论与方法使自然植被自我恢复，植物多半具备乡土性、耐旱性等特点，地被均为抗逆性较好的草本植物，未使用草坪，且园内21个大小深浅不一的坑洞设计巧妙地实现了雨水资源化，不仅能够节约旱季用水还能减轻雨季洪涝压力；人民公园群落多采用复层结构模式，群落稳定性好，耐旱植物比例高，具备较多节水性优势。节材型城市公园植物景观调研对象为水上公园与泰丰公园。水上公园运用大量乡土植物，且速生植物与慢生植物、幼树与成年树等的合理搭配栽植，使得植物景观建设与养护过程中材料成本均较低；泰丰公园合理的群落结构与合适的植物密度同时降低了建设成本，使得运用较少的自然与人工材料，却呈现出良好的观赏效果。节地型城市公园植物景观研究对象为河东公园与南翠屏公园。河东公园对复层植物群落模式、立体绿化、水生植物等的普遍运用使得在有限的土地面积上大大增加了城市公园绿量，生态效益显著提高；南翠屏公园为山地公园，山体采用建筑渣土堆砌而成，属变废为宝的环保措施，在竖向空间寻求土地资源，大大增加了城市绿化用地面积。

3.2　评价方法

本研究采用层次分析法（AHP），分别建立节水型、节材型、节地型植物景观的评价体系，评价体系含 3 个指标层级，分别为目标层（A）、准则层（B）和因子层（C），对每一层级的评估，需要以上层级的准则为基础，形成自上而下的层级结构，且每一层的要素均具有独立性。

3.3　评价步骤

3.3.1　判断矩阵的构造

判断矩阵的构造是层次分析法的关键，表示针对上一层中的某因素而言，该层次各指标进行两两比较，从而评定各指标相对重要性的状况。为了使各指标之间进行两两比较得到量化的判断矩阵，本研究引入了常见的 1 ～ 9 标度，判断矩阵标度与示意详见附录 C。

3.3.2　层次单排序

层次单排序是指根据上述构造的判断矩阵，利用两两比较的重要性标度，计算出各评价因子的权重值。因为判断矩阵是将定性问题定量化的过程，本身存在一定的误差，因此在计算中允许有一定的误差范围。本研究用近似算法方根法求解判断矩阵的特征向量，也就是各因素的权重值（见表 3-1）。

表 3-1	单一层次指标权重计算步骤
	计算步骤
1	计算判断矩阵每一行乘积：$M_i = \prod_{j=1}^{n} b_j (i=1,2,\cdots,n)$ 式中：n 为矩阵阶数；b_{ij} 为 b_i 评价因子与 b_j 评价因子比较的重要性标度
2	计算 M_i 的 n 次方根：$\overline{W_i} = \sqrt[n]{M_i}(i=1,2,\cdots,n)$
3	将向量 $\overline{W_i}$ 归一化：$W_i = \dfrac{\overline{W_i}}{\sum\limits_{i=1}^{n} \overline{W_i}}$ 则 W_i 即为所求的特征向量，也就是各评价因子的相对权重值

3.3.3　一致性检验

　　判断矩阵的数值一般是根据资料数据、专家意见和分析者的认识加以平衡后给出的。对两两元素的比较判断，由于客观世界的复杂性和人们认识的多样性可能做出违反常识的判断，如次序的不一致性：A 比 B 重要，B 比 C 重要，C 又比 A 重要；或倍数不一致：如 A 比 B 重要 3 倍，A 比 C 重要 3 倍，而 B 又比 C 重要 5 倍，因此需要对权重值进行一致性检验，检验步骤见表 3-2。

表 3-2	判断矩阵一致性检验步骤
	计算步骤
1	$AW = \begin{pmatrix} b_{11} & b_{12} & \cdots & b_{1j} \\ b_{21} & b_{22} & \cdots & b_{2j} \\ \vdots & \vdots & \vdots & \vdots \\ b_{i1} & b_{i2} & \cdots & b_j \end{pmatrix}\begin{pmatrix} W_1 \\ W_2 \\ \vdots \\ W_i \end{pmatrix} = \begin{pmatrix} b_1 \times W_1 + b_{12} \times W_2 + \cdots + b_{1j} \times W_i \\ b_{21} \times W_1 + b_{22} \times W_2 + \cdots + b_{2j} \times W_i \\ \vdots \\ b_{i1} \times W_1 + b_{i2} \times W_2 + \cdots + b_j \times W_i \end{pmatrix} = \begin{pmatrix} (AW)_1 \\ (AW)_2 \\ \vdots \\ (AW)_3 \end{pmatrix}$ 计算最大特征根：$\lambda_{\max} = \sum\limits_{i=1}^{n} \dfrac{(AW)_i}{nW_i}$
2	计算一致性指标：$CI = \dfrac{\lambda_{\max} - n}{n-1}$
3	将 CI 值与随机一致性指标 RI 进行比较：$CR = \dfrac{CI}{R}$ $CR < 0.1$，则判断矩阵具有令人满意的一致性；$CR \geq 0.1$，则需对判断矩阵进行调整

3.3.4　层次总排序

　　层次总排序就是计算后一层对于第一层的相对重要性排序，即层次单排序的加权组合。由此得到节约型城市公园绿地植物群落评价的各个评价因子的权重值，并进行一致性检验。

一致性指标 *RI* 值见表 3-3。

表 3-3   随机一致性指标 *RI* 值

阶数	1	2	3	4	5	6	7	8	9	10
RI	0	0	0.58	0.90	1.12	1.24	1.32	1.41	1.45	1.49

3.3.5　综合评价指数计算

综合评价指数的计算公式为

$$S = \sum_{j=1}^{m}\left(\sum_{i=1}^{n} C_i M_i\right) B_j$$

式中：S 为某植物群落综合评价值；C_i 为单项指标的得分；M_i 为单项指标的权重；B_j 为准则层的权重；i 为单项指标个数。

最后利用以下公式计算综合评价指数，从而确定资源节约型植物群落的综合等级，评价等级见表 3-4。

$$CEI = S/S_0 \times 100\%$$

式中：CEI 为综合评价指数；S 为综合评价值；S_0 为理想值（取每一个因子的最高级别与权重相乘加而得）。

表 3-4   城市公园植物群落综合评价等级表

节约性等级	I	II	III	IV
CEI（%）	100 ～ 80	79 ～ 60	59 ～ 40	< 40

3.4　指标与权重

通过广泛征集专家意见，查阅国内外相关理论，并根据实地调研的数据情况与城市植物景观应满足的功能需求，将各评价体系准则层分为生态度、观赏度、文化度 3 层，每层包含 4 个评价因子。

公园植物景观在美化环境、休闲游憩、维持生态平衡、促进地方文明建设等方面发挥作用，要实现这些因素，首先，构建的植物景观应是优美的、使游人感到舒适的风景其次是各具特色的文化内涵与乡土风情，而生态性因素是维持上述效果的最基本前提。因此，本研究的评价体系将准则层中的评价因子划分为生态度、观赏度及文化度 3 个指标。

在节水型、节材型、节地型三个评价体系中，生态度根据不同的资源节约型筛选相应指标，而观赏度与文化度评价因子相同。其中，观赏度从平面、空间、季相、整体环境 4 个与观赏效益最直接相关的方面考虑，文化度因子由最能体现地方特色、蕴含文化内涵的乡土性与寓意性，以及和人物活动互动最相关的体验性与保健性因子构成。各评价体系内各指标示意详见附录 C；各类型植物景观评价因子的判定标准详见附录 D ～附录 F。

指标权重通过专家调查咨询问卷表（见附录 C）的形式，获取 18 位园林专家的意见，根据问卷表得出的判断矩阵，通过编程计算得出准则层和因子层的各单项权重，最后对其进行一致性检验。单项权重相乘得出总权重值。

3.4.1 节水型城市公园植物景观综合评价指标与权重

节水型植物景观生态度因子包含物种多样性、生态适应性、种植结构、耐旱性 4 个与节水性最相关的评价因子。节水型植物景观所有指标与权重详见表 3-5（a、b、c、d）和表 3-6。

表 3-5（a）   准则层中各指标权重值

准则层各指标	生态度 B_{11}	观赏度 B_{12}	文化度 B_{13}	权重	一致性检验
生态度 B_{11}	1	2	2	0.4934	$\lambda_{max} = 3.0536$
观赏度 B_{12}	1/2	1	2	0.3108	$CI = 0$, $RI = 0.58$
文化度 B_{13}	1/2	1/2	1	0.1958	$CR = 0.0462 < 0.1$

表 3-5（b）   生态度各指标权重值

生态度各指标	C_{111}	C_{112}	C_{113}	C_{114}	权重	一致性检验
物种多样性 C_{111}	1	1/2	1/2	1/2	0.1429	$\lambda_{max} = 4$
生态适应 C_{112}	2	1	1	1	0.2857	$CI = 0$
耐旱性 C_{113}	2	1	1	1	0.2857	$RI = 0.90$
种植结构 C_{114}	2	1	1	1	0.2857	$CR = 0 < 0.1$

表 3-5（c）   观赏度各指标权重值

观赏度各指标	C_{121}	C_{122}	C_{123}	C_{124}	权重	一致性检验
平面构图 C_{121}	1	1	1	1	0.2500	$\lambda_{max} = 4$
空间构成 C_{122}	1	1	1	1	0.2500	$CI = 0$
季相变化 C_{123}	1	1	1	1	0.2500	$RI = 0.90$
环境协调性 C_{124}	1	1	1	1	0.2500	$CR = 0 < 0.1$

表3-5（d）　　　　　　　　　　文化度各指标权重

文化度各指标	C_{131}	C_{132}	C_{133}	C_{134}	权重	一致性检验
乡土性 C_{131}	1	2	3	2	0.4231	$\lambda_{max} = 4.0104$
寓意性 C_{132}	1/2	1	2	1	0.2274	$CI = 0.0035$
保健性 C_{133}	1/3	1/2	1	1/2	0.1224	$RI = 0.90$
体验性 C_{134}	1/2	1	2	1	0.2274	$CR = 0.0038 < 0.1$

表3-6　　　　　　节水型城市公园植物景观综合评价因子总权重

目标层	准则层	单层权重	评价因子	单层权重	总权重
节水型城市公园植物景观综合评价 A_1	生态度 B_{11}	0.4934	物种多样性 C_{111}	0.1429	0.0705
			生态适应性 C_{112}	0.2857	0.1500
			耐旱性 C_{113}	0.2857	0.1500
			种植结构 C_{114}	0.2857	0.1500
	观赏度 B_{12}	0.3108	平面构图 C_{121}	0.2500	0.0777
			空间构成 C_{122}	0.2500	0.0777
			季相变化 C_{123}	0.2500	0.0777
			环境协调性 C_{124}	0.2500	0.0777
	文化度 B_{13}	0.1958	乡土性 C_{131}	0.4231	0.0828
			寓意性 C_{132}	0.2274	0.0445
			保健性 C_{133}	0.1224	0.0239
			体验性 C_{134}	0.2274	0.0445

根据表3-6中单层权重值可知，准则层指标重要程度依次为：生态度＞观赏度＞文化度。各评价因子总权重依次排序为：生态适应性＝耐旱性＝种植结构＞乡土性＞平面构图＝空间构成＝季相变化＝环境协调性＞物种多样性＞寓意性＝体验性＞保健性。与节水直接相关的生态因子为生态适应性、耐旱性与种植结构，选择适应本地气候的耐旱植物并合理规划配置，使群落内植物各得其所，才能以最少的用水获得最大的生态与观赏效益，因此，因子层中该三个评价因子权重值最高。其次是乡土性，包括乡土植物与地域性特色两方面，乡土植物的运用不仅能够突出地域性特色，其适应性强、成本低、抗逆性强等自然优势对节水型城市公园植物景观有重要作用。

3.4.2　节材型城市公园植物景观综合评价指标与权重

节材型城市公园植物景观评价指标与权重见表3-7（a、b、c）和表3-8。

表 3-7（a） 准则层中各指标权重值

准则层各指标	生态度 B₂₁	观赏度 B₂₂	文化度 B₂₃	权重	一致性检验
生态度 B₂₁	1	2	2	0.4934	$\lambda_{max} = 3.0536$
观赏度 B₂₂	1/2	1	2	0.3108	$CI = 0$，$RI = 0.58$
文化度 B₂₃	1/2	1/2	1	0.1958	$CR = 0.0462 < 0.1$

表 3-7（b） 生态度各指标权重值

生态度各指标	C₂₁₁	C₂₁₂	C₂₁₃	C₂₁₄	权重	一致性检验
物种多样性 C₂₁₁	1	1/2	1/2	2	0.1887	$\lambda_{max} = 4.0104$
生态适应性 C₂₁₂	2	1	1	3	0.3512	$CI = 0.0035$
养护需求 C₂₁₃	2	1	1	3	0.3512	$RI = 0.90$
经济价值 C₂₁₄	1/2	1/3	1/3	1	0.1089	$CR = 0.0038 < 0.1$

表 3-7（c） 文化度各指标权重值

文化度各指标	C₂₃₁	C₂₃₂	C₂₃₃	C₂₃₄	权重	一致性检验
乡土性 C₂₃₁	1	3	3	3	0.4930	$\lambda_{max} = 4.0604$
寓意性 C₂₃₂	1/3	1	2	1	0.1954	$CI = 0.0201$
保健性 C₂₃₃	1/3	1/2	1	1/2	0.1162	$RI = 0.90$
体验性 C₂₃₄	1/3	1	2	1	0.1954	$CR = 0.0224 < 0.1$

表 3-8 节材型城市公园植物景观综合评价因子总权重

目标层	准则层	单层权重	评价因子	单层权重	总权重
节材型城市公园植物景观综合评价 A₂	生态度 B₂₁	0.4934	物种多样性 C₂₁₁	0.1887	0.0931
			生态适应性 C₂₁₂	0.3512	0.1733
			养护需求 C₂₁₃	0.3512	0.1733
			经济价值 C₂₁₄	0.1089	0.0537
	观赏度 B₂₂	0.3108	平面构图 C₂₂₁	0.2500	0.0777
			空间构成 C₂₂₂	0.2500	0.0777
			季相变化 C₂₂₃	0.2500	0.0777
			环境协调性 C₂₂₄	0.2500	0.0777
	文化度 B₂₃	0.1958	乡土性 C₂₃₁	0.4930	0.0965
			寓意性 C₂₃₂	0.1954	0.0383
			保健性 C₁₃₃	0.1162	0.0228
			体验性 C₁₃₄	0.1954	0.0383

准则层观赏度 B_{22} 的各因子权重值与节水型城市公园植物景观综合评价下的观赏度 B_{12} 的各因子权重相同。

权重值代表了各评价指标的重要程度，由表 3-8 可知，准则层各要素中，生态度重要程度最高，其次是观赏度与文化度。各评价因子重要程度依次为：生态适应性＝养护需求＞乡土性＞物种多样性＞空间构成＝平面构图＝环境协调性＝季相变化＞经济价值＞寓意性＝体验性＞保健性。群落内植物较好的生态适应性能有效降低植物材料更新频率及人工养护成本，且维持群落生态平衡是实现景观效果及其他社会效益的前提；养护需求低的植物群落耗材低，大大节省了植物更新材料与人工维护材料，因此生态适应性和养护需求权重最高。

3.4.3 节地型城市公园植物景观综合评价指标与权重

节地型城市公园植物景观评价指标与权重见表 3-9（a、b、c）和表 3-10。

表 3-9（a）　　　　准则层中各指标权重值

准则层各指标	生态度 B_{31}	观赏度 B_{32}	文化度 B_{33}	权重	一致性检验
生态度 B_{31}	1	2	2	0.4934	$\lambda_{max} = 3.0536$
观赏度 B_{32}	1/2	1	2	0.3108	$CI = 0,\ RI = 0.58$
文化度 B_{33}	1/2	1/2	1	0.1958	$CR = 0.0462 < 0.1$

表 3-9（b）　　　　生态度各指标权重值

生态度各指标	C_{311}	C_{312}	C_{313}	C_{314}	权重	一致性检验
物种多样性 C_{311}	1	1/2	1/2	1	0.1667	$\lambda_{max} = 4$
生态适应性 C_{312}	2	1	1	2	0.3333	$CI = 0$
种植模式 C_{313}	2	1	1	2	0.3333	$RI = 0.90$
立体绿化 C_{314}	1	1/2	1/2	1	0.1667	$CR = 0 < 0.1$

表 3-9（c）　　　　文化度各指标权重值

文化度各指标	C_{331}	C_{332}	C_{333}	C_{334}	权重	一致性检验
乡土性 C_{331}	1	2	3	2	0.4231	$\lambda_{max} = 4.0104$
寓意性 C_{332}	1/2	1	2	1	0.2274	$CI = 0.0035$
保健性 C_{333}	1/3	1/2	1	1/2	0.1224	$RI = 0.90$
体验性 C_{334}	1/2	1	2	1	0.2274	$CR = 0.0038 < 0.1$

表 3-10　　　　　　　节地型城市公园植物景观综合评价因子总权重

目标层	准则层	单层权重	评价因子	单层权重	总权重
节地型城市公园植物景观综合评价 A_3	生态度 B_{31}	0.4934	物种多样性 C_{311}	0.1667	0.0822
			生态适应性 C_{312}	0.3333	0.1645
			种植模式 C_{313}	0.3333	0.1645
			立体绿化 C_{314}	0.1667	0.0822
	观赏度 B_{32}	0.3108	平面构图 C_{321}	0.2500	0.0777
			空间构成 C_{322}	0.2500	0.0777
			季相变化 C_{323}	0.2500	0.0777
			环境协调性 C_{324}	0.2500	0.0777
	文化度 B_{33}	0.1958	乡土性 C_{331}	0.4231	0.0828
			寓意性 C_{332}	0.2274	0.0445
			保健性 C_{333}	0.1224	0.0239
			体验性 C_{334}	0.2274	0.0445

准则层观赏度 B_{32} 的各因子权重与节水型城市公园植物景观综合评价下的观赏度 B_{12} 的各因子权重相同。

表 3-10 中各评价因子总权重代表各因子重要程度依次为：生态适应性＝种植模式＞乡土性＞物种多样性＝立体绿化＞季相变化＝环境协调性＝空间构成＝平面构图＞体验性＝寓意性＞保健性。节地性能否实现与种植模式及是否运用立体绿化息息相关，而立体绿化受到场地及攀援构筑物的限制，并没有在城市公园中得到广泛运用，因此权重小于种植模式。

3.5　植物景观评价结果与分析

3.5.1　节水型植物景观评价结果与分析

表 3-11 为天津各节水型植物景观样地的各指标得分及综合评价值，得分参考标准见附录 D，其中综合评价值由指标得分与权重值代入综合评价分值公式计算得出，表 3-12 中综合评价指数为综合评价值与理想值（每一个因子为最高得分时的综合评价值）的比值乘以 100% 求得。

表 3-11　　天津各节水型植物景观样地的各指标得分及综合评价值

样地	C_{111}得分	C_{112}得分	C_{113}得分	C_{114}得分	C_{121}得分	C_{122}得分	C_{123}得分	C_{124}得分	C_{131}得分	C_{132}得分	C_{133}得分	C_{134}得分	综合评价值
睦南公园3号	8	8	8	8	10	10	10	10	10	8	8	10	8.8768
睦南公园1号	8	8	8	6	10	8	10	10	10	6	8	8	8.2614
人民公园4号	4	8	10	8	10	8	8	10	10	10	10	6	8.0875
桥园1号	6	8	10	10	10	6	10	10	6	8	10	8	8.0525
桥园2号	2	10	10	10	10	8	8	10	8	4	6	10	8.0331
人民公园1号	10	8	10	10	10	10	10	4	10	10	6	10	7.9980
睦南公园4号	6	8	10	4	8	8	10	10	6	6	8	10	7.9877
人民公园2号	4	10	10	10	6	6	8	6	10	6	10	6	7.9032
睦南公园2号	8	10	8	4	8	8	8	10	6	6	6	8	7.9026
人民公园3号	8	6	10	10	6	6	10	6	10	10	6	4	7.2209

表 3-12　　　　　天津各节水型植物景观样地的综合评价结果及分析

排名	编号	群落	综合评价指数 CEI（%）	等级	群落类型	垂直结构	空间类型
1	睦南公园3号样地	刺槐＋龙桑＋桃树＋紫薇＋紫叶小檗＋月季＋沿阶草	88.7628	I	常绿落叶阔叶混交型	乔木—灌木—地被—草坪	半开敞＋覆盖
2	睦南公园1号样地	皂荚＋香椿＋臭椿＋圆柏＋核桃＋海棠＋黄刺玫＋丁香	82.6089	II	针阔混交型	乔木—灌木—地被—草坪	封闭＋覆盖
3	人民公园4号样地	绒毛白蜡＋黄栌＋海棠＋丁香＋连翘＋黄杨	80.8699	II	常绿落叶阔叶混交型	乔木—灌木—草坪	半开敞＋覆盖
4	桥园2号样地	一球悬铃木＋费菜＋观赏草＋马蔺	80.5203	II	常绿落叶阔叶混交型	乔木—地被	开敞
5	桥园1号样地	绒毛白蜡＋国槐＋五角枫＋白车轴草＋千鸟花＋波斯菊	80.3270	II	常绿落叶阔叶混交型	乔木—地被	半开敞
6	人民公园1号样地	刺槐＋绒毛白蜡＋金叶榆＋红叶李＋黄杨＋紫藤＋一串红	79.9755	III	针阔混交型	乔木—灌木—地被—草坪	半开敞
7	睦南公园4号样地	刺槐＋臭椿＋杜仲＋龙爪槐＋连翘＋珍珠梅＋月季	79.8719	III	针阔混交型	乔木—灌木—草坪	开敞＋覆盖
8	人民公园2号样地	梓树＋刺柏＋龙爪槐＋石榴＋大叶黄杨＋八宝景天	79.0272	III	针阔混交型	乔木—灌木—地被	开敞
9	睦南公园2号样地	刺槐＋丝棉木＋海棠＋木槿＋金银木＋丁香＋珍珠梅	79.0218	III	针阔混交型	乔木—灌木—草坪	半开敞
10	人民公园3号样地	毛白杨＋国槐＋栾树＋山楂＋杏花＋榆叶梅＋凤尾兰	72.2044	IV	针阔混交型	乔木—灌木—草坪	半开敞＋覆盖

根据天津节水型城市公园植物景观综合评价结果得出（见表 3-12）：在调研样地中，Ⅰ级节水型植物景观样地仅有 1 个，为睦南公园 3 号样地，占总数的 10%；Ⅱ级的有 4 个，占总数的 40%，Ⅲ级的有 4 个，占总数的 40%；Ⅳ级的有 1 个，占总数的 10%；等级为Ⅱ和Ⅲ的群落最多，节水型植物景观处于中等水平。综合评价指数排在前三名的样地有很多相似之处，共性主要表现在：植物以乔、灌木为主，生长良好，无病虫害，对当地自然环境适应性高；应用耐旱树种盖度占群落内植物总盖度比例大于 80%；种植结构为乔木—灌木—草坪结合的复层型结构或乔木—灌木—草坪结合的密林型结构；群落平面图点、线、面组合自然合理；空间构成得当，层次丰富，错落有致，上层空间郁闭度较大；植物以落叶树种为主，搭配常绿、观花、观果植物使之季相变化丰富，且在植物景观整体风格与周边环境相协调，较好的景观效果带给观赏者视觉与精神上的舒适体验；同时，群落内植物普遍运用乡土植物，呈现出一定的地域性特色。

3.5.2 节材型植物景观评价结果与分析

表 3-13 为天津各节材型植物景观样地的各指标得分及综合评价值，得分参考标准见附录 E。评价结果（见表 3-14）显示：在节材型植物景观调研样地中，Ⅰ级节材型植物景观样地有 2 个，占总数的 17%；Ⅱ级的有 6 个，占总数的 50%；Ⅲ级的有 3 个，占总数的 25%，Ⅳ级的为 1 个，占总数的 8%。Ⅱ级样地最多，其次是Ⅲ级样地，天津节材型城市公园植物景观整体处于中上水平。

表 3-13　　　天津各节材型植物景观样地的各指标得分及综合评价值

样地	C_{211} 得分	C_{212} 得分	C_{213} 得分	C_{214} 得分	C_{221} 得分	C_{222} 得分	C_{223} 得分	C_{224} 得分	C_{231} 得分	C_{232} 得分	C_{233} 得分	C_{234} 得分	综合评价值
水上公园 3 号	6	10	10	6	8	8	10	10	10	10	10	8	9.0253
水上公园 6 号	8	8	8	10	10	10	10	8	10	10	10	8	8.8887
泰丰公园 1 号	2	10	10	8	8	10	6	10	8	10	10	10	8.4884
水上公园 7 号	4	10	8	10	10	8	10	10	8	8	6	6	8.4634
泰丰公园 3 号	8	8	8	8	10	10	8	6	6	8	8	10	8.3879
水上公园 2 号	10	8	8	8	10	10	10	8	8	6	8	6	8.3125
泰丰公园 2 号	4	10	8	8	8	6	8	10	10	10	10	8	8.2892
泰丰公园 4 号	6	10	8	8	8	8	8	6	6	6	8	10	8.1682
水上公园 8 号	4	8	8	10	8	8	6	10	10	10	6	6	7.5718
水上公园 4 号	8	6	6	8	8	6	8	6	6	8	10	6	7.4313
水上公园 1 号	6	8	6	6	8	8	6	8	6	8	6	6	6.9269
水上公园 5 号	6	6	8	6	8	6	10	6	10	8	6	6	6.8809

表 3-14　　　　　　　天津各节材型植物景观样地的综合评价结果及分析

排名	编号	群落	综合评价CEI（%）	等级	群落类型	垂直结构	空间类型
1	水上公园3号样地	旱柳＋国槐＋刺槐＋大叶杨＋金叶榆＋马蔺＋费菜＋八宝景天	90.2534	I	常绿落叶阔叶混交型	乔木—灌木—地被—草坪	半开敞
2	水上公园6号样地	构树＋圆柏＋山楂＋苹果＋黄刺玫＋珍珠梅＋鸢尾＋千屈菜	88.8874	I	针阔混交型	乔木—灌木—地被—草坪	半开敞
3	泰丰公园1号样地	绒毛白蜡＋银边玉簪	84.8844	II	落叶阔叶型	乔木—地被	半开敞
4	水上公园7号样地	毛白杨＋刺槐＋圆柏＋金银木＋紫薇＋月季	84.6344	II	针阔混交型	乔木—灌木—草坪	开敞
5	泰丰公园3号样地	合欢＋栾树＋黑松＋大叶杨＋金叶女贞＋美人蕉＋八宝景天	83.8786	II	针阔混交型	乔木—灌木—地被—草坪	半开敞
6	水上公园2号样地	刺槐＋国槐＋圆柏＋龙爪槐＋黄刺玫＋大叶黄杨＋紫萼玉簪＋费菜	83.1249	II	针阔混交型	乔木—灌木—地被—草坪	开敞
7	泰丰公园2号样地	银杏＋栾树＋五角枫＋榆叶梅＋连翘	82.8923	II	落叶阔叶型	乔木—灌木—草坪	半开敞
8	泰丰公园4号样地	刺槐＋栾树＋红皮云杉＋榆叶梅＋糯米条＋糖槭＋大叶黄杨＋沿阶草	81.6820	II	落叶阔叶型	乔木—地被—草坪	半开敞
9	水上公园8号样地	毛白杨＋刺槐＋苹果＋龙槐＋小叶女贞	75.7180	III	常绿落叶阔叶混交型	乔木—灌木—草坪	开敞
10	水上公园4号样地	刺槐＋核桃＋国槐＋雪松＋香椿＋龙柏＋皂荚＋梨＋玉簪＋蛇莓	74.3126	III	针阔混交型	乔木—地被—草坪	半开敞
11	水上公园1号样地	绒毛白蜡＋刺槐＋圆柏＋榆树＋猥实＋大叶黄杨＋紫叶小檗	69.2694	III	针阔混交型	乔木—灌木—草坪	半开敞
12	水上公园5号样地	毛白杨＋刺槐＋馒头柳＋桃＋苹果＋大叶黄杨＋金叶女贞＋鸢尾＋萱草	68.8090	IV	针阔混交型	乔木—灌木—地被—草坪	半开敞

　　综合指数较高的样地在生态度、观赏度、文化度方面得分均较高，共性表现在群落内植物以养护成本较低的木本植物为主，对环境表现出较强的适应性，生长茂盛，无病虫害，且层次错落有致，林冠线优美，均呈现出较为良好的景观效果，植物景观风格与周边环境相协调，优美的植物空间带给游人生理及心理上的舒适体验。此外，在节材性方面均有一定的优势：群落内植物种植符合适地适树原则；应用耐旱植物比例高达 80%；速生树种与慢生树种、幼苗与成年树相搭配种植；运用果实能够产生经济价值的经济树种；群落具备合理的群落结构及合适的植物密度；普遍运用不需要长途运输、适应性强且养护需求极低的乡土植物，降低经济成本的同时表现出地域性景观特色；群落内植物均为自然生长状态，无须修剪成型，养护需求较低。

3.5.3 节地型植物景观评价结果与分析

表3-15为天津各节地型植物景观样地的各指标得分及综合评价值，得分参考标准见附录F。据评价结果（见表3-16）显示：Ⅰ级节地型植物群落为1个，占总数的12.5%；Ⅱ级的为4个，占总数的50%；Ⅲ级的为2个，占总数的25%；Ⅳ级的为1个，占总数的12.5%。其中Ⅱ级植物群落最多，说明节地型城市公园植物景观处于中上水平。综合指数较高的样地优势不仅体现在节地因子上，其在生态度、文化度、观赏度等方面也均有较高得分，主要共性有：植物群落对环境有极好的适应性，几乎无病虫害；物种多样性指数均大于1.6；群落植物空间设计及平面布局合理，配置结合地形变化，结构均为复层型群落结构或是林缘为复层结构的密林型结构，具有层次丰富、绿量大、稳定性高等优势；景观效果好，季相变化丰富，层次高低错落有致，林冠线优美自然，整体环境协调性较好，良好的空间氛围带给游人生理与心理上的舒适体验；在文化度方面，乡土植物的运用及合理的植物结构体现了一定的地域性特色。

表3-15 　　 天津各节地型植物景观样地的各指标得分及综合评价值

样地	C_{311}	C_{312}	C_{313}	C_{314}	C_{321}	C_{322}	C_{323}	C_{324}	C_{331}	C_{332}	C_{333}	C_{334}	综合评价值
河东公园1号	8	8	10	5	10	10	10	10	6	10	8	8	8.6276
河东公园2号	10	10	10	5	10	10	10	8	6	6	6	10	8.4997
南翠屏公园4号	8	8	10	10	5	10	8	8	8	10	10	8	8.3750
河东公园4号	8	8	10	5	8	8	10	10	6	8	6	8	8.1798
南翠屏公园1号	8	8	8	5	8	8	8	8	10	8	8	8	8.0748
南翠屏公园3号	4	8	8	10	8	8	6	10	10	10	10	8	7.9730
河东公园3号	10	8	6	5	8	8	8	10	6	8	10	8	7.8817
南翠屏公园2号	6	10	4	5	6	6	4	10	6	6	8	8	6.5394

表3-16 　　 天津各节地型植物景观样地的综合评价结果及分析

排名	样地编号	群落	综合评价数 CEI（%）	等级	群落类型	垂直结构	空间类型
1	河东公园 1号样地	悬铃木＋国槐＋白皮松＋樱花＋海棠＋丁香＋月季＋凤尾兰	86.2708	Ⅰ	针阔混交型	乔木＋灌木＋草坪	半开敞
2	河东公园 2号样地	刺槐＋国槐＋红叶李＋黄金槐＋丁香＋萱草＋马蔺＋凤尾兰	84.9920	Ⅱ	针阔混交型	乔木＋灌木＋地被＋草坪	半开敞＋覆盖
3	南翠屏公园 4号样地	国槐＋刺柏＋樟子松＋黄刺玫＋榆叶梅＋铺地柏＋凤尾兰	83.7451	Ⅱ	针阔混交型	乔木＋灌木＋地被＋草坪	半开敞

排名	样地编号	群落	综合评价数CEI（%）	等级	群落类型	垂直结构	空间类型
4	河东公园4号样地	国槐＋丝棉木＋意杨＋李子＋丁香＋连翘＋月季＋吉祥草	81.7932	II	针阔混交型	乔木＋灌木＋地被＋草坪	半开敞＋覆盖
5	南翠屏公园1号样地	栾树＋黑松＋黄金槐＋桃树＋榆叶梅＋紫薇＋大叶黄杨＋彩叶草	80.7433	II	针阔混交型	乔木＋灌木＋地被＋草坪	半开敞＋覆盖
6	南翠屏公园3号样地	柳树＋黄刺玫＋五叶地锦＋芦苇＋萱草＋鼠尾草＋香蒲	79.7248	III	落叶阔叶型	乔木＋灌木＋地被	开敞＋覆盖
7	河东公园3号样地	桑树＋柳树＋国槐＋桃树＋丁香＋黄刺玫＋月季＋凤尾兰	78.8124	III	常绿落叶阔叶混交型	乔木＋灌木＋地被＋草坪	开敞
8	南翠屏公园2号样地	雪松＋国槐＋樟子松＋旱柳＋构树＋黄金槐＋红叶李＋女贞	65.3900	IV	针阔混交型	乔木＋草坪	开敞

3.6 天津城市公园资源节约型植物景观案例分析

根据天津城市公园资源节约型植物景观的评价结果，分别对节水型、节材型、节地型植物景观评价结果中综合指数最高的两种类型样地进行详细分析，同种类型样地只选择并分析其中一个指数最高的样地。

3.6.1 节水型植物景观案例分析

节水型植物景观特别重视耐旱植物的运用，通过合理的植物选择与规划设计，结合调节土壤、高效灌溉、使用覆盖物等其他节水措施，达到节水目的。为了城市公园植物景观的美景呈现与功能保证，耐旱植物的应用可多样化，布局形式应根据实地情况综合考虑。评价结果显示的节水型植物景观优势群落类型为复层型与密林型，以下是对综合指数较高群落类型的详细分析，为天津资源节约型植物景观模式构建与案例优化提供参考依据。

3.6.1.1 密林型植物群落

密林型植物群落位于天津睦南公园，面积约为305m^2，西北面为月季园，南面为道路。此绿地密植大量乡土树木，林中有一条游憩小路，虽没有"乔松万树总良材，九里云松一径开"的效果，但也有些许"林中穿路"的韵味。游人漫步其中，兴许能与自然产生共鸣。

群落内香椿、臭椿、皂荚、圆柏、核桃等乔木密植围合形成静谧的绿地，在一定程度上阻绝了西南面道路上噪声的扩散。上层乔木郁闭度较大，但也留出了透视线，虚与实、隐与透相结合，与稍低矮的灌草取得了动态的平衡。群落春季黄刺玫亮丽娇艳、海棠花粉嫩动人、丁香与金银木花香四溢，一派千娇百媚、姹紫嫣红的景象；夏季有黄刺玫和金银木硕果累累，香椿花白素雅；秋冬萧瑟冷寂，达到"春可观花，夏可观果"的效果，形成了人工模拟自然植物群落为绿化形式的密林景观，与周围成片的月季花海形成鲜明的对比。同时，密林群落还可为游人提供降温的生态型小空间，核桃在提供生态景观效果的同时还兼具一定的经济价值。该群落内树种几乎均为耐旱树种。若遇降水量极少的干旱季节，群落只需适量的养护措施，便能保持良好的景观效果（见图3-1、图3-2、表3-17）。

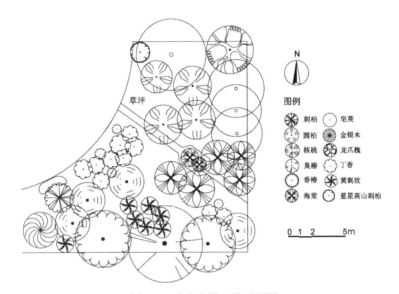

图 3-1　睦南公园 1 号平面图

图 3-2　睦南公园 1 号实景图

表 3-17　　　　　　　　　睦南公园样地 1 号植物种类组成及其特征

植物种类	科	属	数量 / 盖度	生活型	常绿 / 落叶	胸径（cm）	高度（m）	冠幅（m）
圆柏	柏科	圆柏属	4	乔木	常绿	20	9 ～ 10	3.2
核桃	胡桃科	胡桃属	4	乔木	常绿	11	6.3 ～ 7	2.8 ～ 3.5
龙爪槐	豆科	槐属	1	小乔木	落叶	10	3.5	4
臭椿	苦木科	臭椿属	1	乔木	落叶	25	13	6 ～ 7
香椿	楝科	香椿属	2	乔木	落叶	21	10	5
皂荚	云实科	皂荚属	4	乔木	落叶	15 ～ 20	5 ～ 7	4 ～ 6
刺柏	柏科	刺柏属	1	小乔木	常绿	18	8	2.4 ～ 3
金银木	忍冬科	忍冬属	1	灌木	落叶	5	2.5 ～ 2.8	3
海棠	蔷薇科	木瓜属	7	灌木	落叶	15	7 ～ 8	4 ～ 6
丁香	木犀科	丁香属	14	灌木	落叶	—	1.1 ～ 1.6	0.8 ～ 1.8
黄刺玫	蔷薇科	蔷薇属	7	灌木	落叶		1.1	1.5
砂地柏	柏科	圆柏属	0.6%	灌木	常绿	—	—	—

3.6.1.2　复层型植物群落

　　复层型植物群落位于睦南公园西北面，与大理道相邻，面积约为 510m²，为半开敞空间。秉承"历史文脉与现代人文相辉映"的设计理念以及欧式经典月季园的定位，该群落集生态性、功能性、景观性、文化性于一体。

　　种植模式为近自然式的乔灌草复层式种植结构，常绿与落叶植物配置，实现了"四季有景、三季有花、两季有果"的景观效果。春季刺槐、龙桑、桃花白紫粉花与绿叶相映，素雅而芳香，夏季紫薇、月季花满枝头，美艳动人，桃树、核桃、龙桑树硕果累累，秋季一球悬铃木叶色夺目，球果下垂，冬季玉树琼枝。中层灌木以三角砖块呈自然曲线围合而成的月季斑块为主，搭配常绿女贞与常色叶紫叶小檗，与东南面的月季花海融为一体。群落空间虚实结合有步移景异的效果，西边较东边开敞，一球悬铃木树荫下有限的空间以适量的草坪覆盖，给人们一定的活动空间，休憩其中有种世外桃源的静谧。

　　群落内植物对当地环境表现出极高的适应性，刺槐、龙桑树、核桃、桃树、紫薇等多种植物均为节水耐旱植物，比例高于 80%，且群落内以木本植物为主体，仅在必要组织空间处覆盖小面积草坪，使得耗水量大大减少，后期进行适量的养护措施便能维持良好的景观效果。近自然式的复层模式，使得土地空间、水分、光照等资源均得到较大限度的利用，生态效益最大化，同时保障了群落的生态稳定性。因此，该植物群落的配置在节水方面具有较高的参考价值（见图 3-3、图 3-4 和表 3-18）。

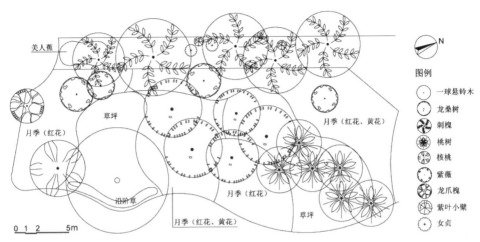

图 3-3　睦南公园 3 号平面图

图 3-4　睦南公园 3 号实景图

表 3-18　　　　睦南公园样地 3 号植物种类组成及其特征

植物种类	科	属	数量/盖度	生活型	常绿/落叶	胸径（cm）	高度（m）	冠幅（m）
一球悬铃木	悬铃木科	悬铃木属	1	乔木	落叶	40	11	9
刺槐	豆科	刺槐属	5	乔木	落叶	40～60	9～11	5～7
龙桑树	桑科	桑树	5	乔木	落叶	12～18	6～8	4～5.2
核桃	胡桃科	胡桃属	1	乔木	落叶	13	5.5	5
桃树	蔷薇	桃属	6	乔木	落叶	—	3～4	4～5
龙爪槐	豆科	槐属	1	乔木	落叶	11	3	3.2
紫薇	千屈菜科	紫薇属	4	小乔	落叶	—	2～2.8	2～3
女贞	木犀科	女贞属	3	灌木	常绿		0.8	1

植物种类	科	属	数量/盖度	生活型	常绿/落叶	胸径（cm）	高度（m）	冠幅（m）
紫叶小檗	小檗科	小檗属	1	灌木	常绿	—	0.6	0.9
月季	蔷薇科	蔷薇属	51%	灌木	落叶	—	0.4	—
沿阶草	百合科	沿阶草属	1.2%	草本	—	—	0.2	—
美人蕉	美人蕉科	美人蕉属	1.6%	草本	—	—	0.7	—

3.6.2　节材型植物景观案例分析

节材型植物景观十分注重植物的种植密度及对原有植物、乡土树种、经济作物、野草等节约型材料的运用，但节材型绿化也不能都是单一的野草植物群落，需要根据场地条件、观赏效益、环境因素、功能需求等因素进行合理配置，创造出多样化的植物景观。评价结果显示的节材型植物景观优势群落类型为疏林型与纯林型。

3.6.2.1　疏林草地型植物群落

疏林草地型植物群落位于水上公园内，面积约为 210m²，由园路包围，其北面为儿童游乐场，附近人流量较大。为半开敞的疏林草地，主要由上层的稀疏乔木与下层地被构成，另在其西面的开敞草坪上点缀了三株中层灌木，使得乔木到草坪的空间过渡更加自然。群落空间通透性好，植物配置疏密有致，有藏有露，游人视线可透过间隙欣赏到远处若隐若现的优美景象，从而达到引导游览的效果。乔木层刺槐春花烂漫，旱柳婆娑，国槐夏季花序悬垂，美艳动人。灌木层金叶女贞终年常绿，与金叶榆黄绿相衬，给人带来清新感。地被层草本植物 5—9 月开花不断，且各植物花色不尽相同惹人眼。春季郁郁葱葱，夏季花繁叶茂，秋季叶色迷人，冬季雄劲凛然，季相变化丰富。群落内的乡土树种及以大乔木为主的疏林草地型植物景观都较好地体现了天津大气、开放的特色。

群落内乔木层中的旱柳、绒毛白蜡、国槐为耐旱型乡土树种，耐寒且抗逆性强，冬季无须保护便可越冬，建设成本与养护需求均极低。在地被层草本植物中，八宝景天、费菜耐干旱贫瘠，抗盐碱性强，尤其费菜在山坡岩石与荒地上也能生长旺盛，适应性极强；马蔺耐盐碱，且其须根的稠密发达使得它具有极强的抗性、适应性与覆土保水能力；紫萼玉簪对土壤要求不严，适应性亦较好，且耐阴。群落基本无须养护与更新材料，也能保持良好的景观效果。合理的植物密度同时降低了建设成本。因此，此块样地在节材性、观赏性、地域性特色方面均具备较高的借鉴价值（见图3-5、图3-6、表3-19）。

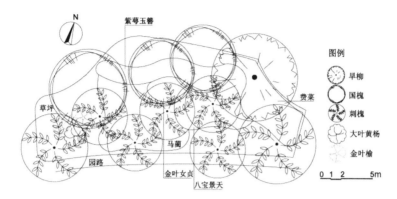

图3-5 水上公园3号平面图

图3-6 水上公园3号实景图

表3-19　　　　　　　　水上公园3号植物种类组成及其特征

植物种类	科	属	数量/盖度	生活型	常绿/落叶	胸径（cm）	高度（m）	冠幅（m）
旱柳	杨柳科	柳属	1	乔木	落叶	50	10.5	7.5
国槐	豆科	槐属	3	乔木	落叶	30～35	6.5～8	6～8
刺槐	豆科	槐属	7	乔木	落叶	28～35	7.5～9	4～7
大叶黄杨	卫矛科	卫矛属	1	灌木	常绿	—	0.8	0.8
金叶榆	榆科	榆属	2	灌木	常绿	—	1.7	1.6
金叶女贞	木犀科	女贞属	2.9%	灌木	常绿	—	0.6	—
马蔺	鸢尾科	鸢尾属	22.9%	草本	—	—	0.7	—
八宝景天	景天科	八宝属	9.5%	草本	—	—	0.4	—
紫萼玉簪	百合科	玉簪属	13.8%	草本	—	—	0.3	—
费菜	景天科	景天属	11.9%	草本	—	—	0.2	—

3.6.2.2 纯林型植物群落

纯林型植物群落位于泰丰公园，面积约为 823m²，南、西、北三面均为公园道路，东面为大草坪，空间类型属于半开敞空间。群落平面布局自然合理，疏密有致，空间有藏有露，林冠线变化自然。上层乔木均为市树绒毛白蜡，下层银边玉簪由三角形石块围合成两大块，夏季花开，洁白如玉，香气袭人，林下留出的草坪可使游人漫步于林中，视线穿过疏林中漏透的空间，给人带来沁人的气息。而从东面的休憩大草坪附近望去，又可以隐约感受到一丝神秘。绒毛白蜡林与植物群落、硬质景观等周边环境相协调。然而，本群落的季相变化不够丰富，缺少引人注目的特色观赏点，可在林缘搭配乡土性观花及观果小乔木、灌木、地被等植物，使景观效果更出彩。

靠近道路边缘的绒毛白蜡明显比群落内部的更高大，这是由于在植物景观建设初期，设计者将较小的苗木配植于内侧，较大者植于外围，这样的种植设计，在节约材料及成本的同时也可迅速形成良好的观赏效果。样地内所有木本植物均为耐盐碱乡土树种，使得在降低建设成本与养护需求的同时体现了一定的地域性特色。银边紫萼与银边玉簪耐阴、怕阳光直射，但适应性强，植于绒毛白蜡林下非常符合适地适树原则，因此后期仅需适当地维护管理便能生存良好并保持景观效果。此块样地在满足使用功能、美学功能和生态功能的前提下，又大大降低建设成本和管理维护成本，因此在节材型植物景观设计时有值得借鉴的地方（见图3-7、图3-8和表3-20）。

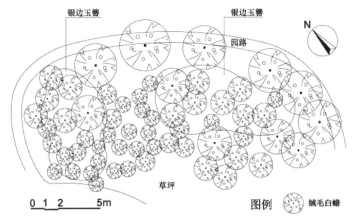

图 3-7　泰丰公园 1 号平面图

图 3-8　泰丰公园 1 号实景图

表 3-20　　　　　　　　　　泰丰公园 1 号植物种类组成及其特征

植物种类	科	属	数量 / 盖度	生活型	常绿 / 落叶	胸径（cm）	高度（m）	冠幅（m）
绒毛白蜡	木犀科	梣属	60	乔木	落叶	10～25	4.5～9	2.2～7
银边玉簪	百合科	玉簪属	31.2%	草本	—	—	0.2～0.3	—

3.6.3　节地型植物景观案例分析

　　节地型植物景观规划设计时应注重植物的密度与覆盖层次，高密度的栽植方式与层次丰富的植物空间都能有效增加叶面积指数，提高生态效益。然而，园林绿化不能到处都是郁闭的密林，需要根据场地条件、环境因素、功能要求、景观要素、观赏效益等因素进行科学合理的配置，创造出不同结构类型的节地型植物群落，做到园林植物景观的多样性，评价结果显示的节地型植物景观优势群落类型为复层型与滨水型。

3.6.3.1　复层型植物群落

　　复层型植物群落位于河东公园，面积约为 258m²，其东南面为公园主路，为半封闭空间。群落层次丰富，各亚层之间错落有序，林冠线优美自然，为典型的复层型植物群落。

　　群落西侧为公园与住宅区的分隔围墙，悬铃木、泡桐、国槐等高大乔木对住宅区建筑起到了很好的遮挡效果。沿着北面的次级园路可进入群落中两排大乔木间的林荫石板小道，树荫浓郁，绿影婆娑，使人仿佛进入蜿蜒无尽的小路，给游人带来清闲和宁静之感。群落季相变化丰富，落叶植物搭配常绿及观花植物，四季皆有景

可赏。春季泡桐、国槐、樱花、海棠、丁香花繁叶茂，夏季月季、紫薇、玫瑰相互
争艳，秋季树叶五彩缤纷，黄的如金，绿的如玉，红的如火，姹紫嫣红的景象让人
如痴如醉；即便在冬季落叶后，优美的枝干与常绿植物相间，也能呈现出别致的画
面。优美的植物景观空间环境，带给游人良好的视觉冲击和舒适的心理感受。

在生态度方面，植物对环境表现出极高的适应性，生长均良好。群落的复层
设计充分利用了土地上层的竖向空间，使得每一株植物在有限的土地面积内最大
限度地获得水分、光照、土壤等自然资源，大大增加了群落叶面积指数。因样地
靠近园路，为了保证观赏、游憩活动等功能的正常开展，群落东面稀疏悬铃木下
层留有小块面积草坪以组织空间，草坪的点缀让群落视野更加开阔，使得样地在
保证植物绿量的同时，增加了一定的活动区域。植物栽植严格遵循适地适树原则，
运用较多耐旱植物，且此处草坪有上层乔木为其适当遮阴，因此整体群落植物养
护需求较低，具备较高的生态功能和环境效益，同时，乡土树种的运用体现了一
定的地域性特色（见图3-9、图3-10和表3-21）。

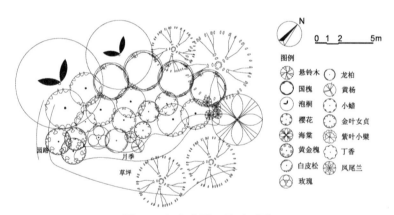

图3-9　河东公园1号平面图

图3-10　河东公园1号实景图

表 3-21 河东公园 1 号植物种类组成及其特征

植物种类	科	属	数量/盖度	生活型	常绿/落叶	胸径（cm）	高度（m）	冠幅（m）
泡桐	玄参科	泡桐属	2	乔木	落叶	30～40	5.4～6.2	6～8
悬铃木	悬铃木科	悬铃木属	4	乔木	落叶	18～20	5.5～6	4～6
国槐	豆科	槐属	4	乔木	落叶	11～18	4～5.5	3.2～3.5
黄金槐	豆科	槐属	3	乔木	落叶	—	3.4	4
白皮松	松科	松属	6	乔木	常绿	—	2.7～3	3～3.2
龙柏	柏科	圆柏属	1	乔木	常绿	—	1.8	2
海棠	蔷薇科	木瓜属	1	乔木	落叶	—	5	4.5
樱花	蔷薇科	樱属	2	灌木	落叶	—	2～2.3	1.4～1.6
玫瑰	蔷薇科	蔷薇属	1	灌木	落叶	—	2	1.7
黄杨	黄杨科	黄杨属	1	灌木	常绿	—	1	1.2
金叶女贞	木犀科	女贞属	1	灌木	常绿	—	1.6	1.2
紫叶小檗	小檗科	小檗属	1	灌木	常绿	—	1.4	0.9
丁香	木犀科	丁香属	1	灌木	落叶	—	2.8	1
小蜡	木犀科	女贞属	1	灌木	常绿	—	3.5	1.9
凤尾兰	龙舌兰科	丝兰属	4	灌木	常绿	—	0.6～1	0.6～0.8
月季	蔷薇科	蔷薇属	5.4%	灌木	落叶	—	0.4～0.6	—

3.6.3.2 滨水型植物群落

滨水型植物群落位于河东公园的溪水边，面积约为330m²，为半开敞空间，南面为休憩景观亭，与上述路缘植物景观有所不同，前者要考虑游人的休憩活动空间，而此处周边的景观亭与草坪已含此功能，且样地邻水，群落应更注重亲水功能及为景观亭营造鸟语花香的遮阴覆盖性空间氛围，而此块样地在这点上做得较为出彩。

景观亭东南面设有林间汀步小道，可供游人寻幽探绿，小道的尽头是潺潺流水，游人可通过石块到达对面溪岸，且水面伸手便可触及，增加了环境的朴实亲切之感。群落四季皆有特色观赏植物可赏，且色、香、形俱全，春有刺槐、丁香、珍珠梅、红叶李；夏有合欢、凤尾兰、金鸡菊；秋有国槐、山楂、金银木；冬有雪松、紫叶小檗、小叶女贞。植物、溪水、景观亭的结合形成水波粼粼、清风徐徐、碧野芳庭的景象。且亭旁大乔木遮阴效果较好，游人休憩于亭中，可听流水潺潺、簌簌叶动、鸟鸣虫咕，可观蝴蝶翩翩、花繁叶茂，可嗅一世芬芳，可感身在万林中之意境。马蔺、金鸡菊、萱草等与湖石的巧妙搭配柔化了生硬的水岸线。不同质感、色彩、姿态的植物高低错落，疏密有致，远近不同，与水中的倒影内外呼应，构成了虚实相济的空间氛围，在虚实之间创造了一种似断似续，隐约迷离的特殊效果。因此，该样地在景观效果与空间意境上有较多特色可供参考。

群落内植物种类丰富，且生长茂盛，无病虫害。平面布局合理且乔木冠幅较大，层次丰富，充分利用了竖向空间，使得群落在保证绿量的同时，给在此休憩的游人以良好的通透性视野。国槐、合欢、刺槐、红叶李等乡土植物被大量应用，具有一定的天津地带性特征。样地生境条件较好，土壤及空气湿度较大，且植物配植严格依照植物自身的生态习性与生物学特性，群落仅需适当的养护便能自我循环演替，并维持良好的生态环境与景观效果，因此该样地在生态度与文化度方面有一定的借鉴价值（见图3-11、图3-12和表3-22）。

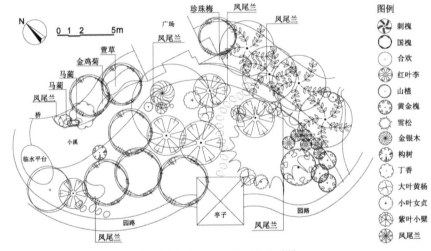

图3-11 河东公园2号平面图

图3-12 河东公园2号实景图

表 3-22　　　　　　　　河东公园 2 号植物种类组成及其特征

植物种类	科	属	数量/盖度	生活型	常绿/落叶	胸径（cm）	高度（m）	冠幅（m）
山楂	蔷薇科	山楂属	1	乔木	落叶	13	3.2	4
红叶李	蔷薇科	李属	11	小乔木	落叶	5～15	2.2～5.2	1～3.3
国槐	豆科	槐属	7	乔木	落叶	9～19	3.2～4.2	3～4
雪松	松科	雪松属	1	乔木	常绿	31	8	7.5
黄金槐	豆科	槐属	4	乔木	落叶	5～11	1.6～3	1.6～3.2
合欢	含羞草科	合欢属	1	乔木	落叶	20	5	7
刺槐	豆科	刺槐属	4	乔木	落叶	5～30	5.3～7	4.2
构树	桑科	构属	1	乔木	落叶	—	1.3	1.2
大叶黄杨	黄杨科	黄杨属	4	灌木	常绿	—	1	0.9～1.4
小叶女贞	木犀科	女贞属	4	灌木	落叶	—	0.7～1.5	0.8～1.5
紫叶小檗	小檗科	小檗属	2	灌木	落叶	—	0.7～1.3	0.4～1.3
金银木	忍冬科	忍冬属	1	灌木	落叶	—	2	2.1
丁香	木犀科	丁香属	2	灌木	落叶	—	3.5	4.2
珍珠梅	蔷薇科	珍珠梅属	1.1%	灌木	常绿	—	1.5～1.9	—
凤尾兰	龙舌兰科	丝兰属	2.5%	灌木	常绿	—	0.5～1	0.8～1.5
金鸡菊	菊科	金鸡菊属	0.1%	草本	—	—	0.5	—
马蔺	鸢尾科	鸢尾属	0.1%	草本	—	—	0.4	—
萱草	百合科	萱草属	1.0%	草本	—	—	0.2～0.4	—

天津城市公园资源节约型植物景观树种选择

4.1 节水型植物景观树种选择

4.1.1 植物耐旱性分级

本研究参考相关研究结果，对天津所有调研样地内植物耐旱性进行了分级（见表 4-1、表 4-2）。

表 4-1　　　　　　　　　　　天津木本植物耐旱性分级

耐旱性强弱	植物种类
耐旱性强	乔木：臭椿、构树、旱柳、合欢、黑松、垂柳、石楠、桃、雪松、火炬树、黄连木、馒头柳、樟子松、绒毛白蜡 灌木：榆叶梅、凤尾兰、黄刺玫、金叶榆、玫瑰、铺地柏、沙地柏、紫叶小檗
耐旱性较强	乔木：侧柏、豆梨、榉树、李子、龙柏、毛白杨、桑树、石榴、丝棉木、梧桐、香椿、杏树、圆柏、皂荚树、国槐、红皮云杉、黄金槐、黄栌、梨、栾树、龙桑树、柿树、榆树、油松、绒毛白蜡 灌木：丁香、枸杞、黄杨、木槿、迎春、紫薇、红瑞木、糯米条、平枝枸子、猬实、长春花、月季 藤本：金银花、五叶地锦 竹类：刚竹
耐旱性中等	乔木：白皮松、刺柏、刺槐、杜仲、海棠、核桃、龙爪槐、女贞、泡桐、二球悬铃木、一球悬铃木、樱花、梓树、紫荆、红叶李、苹果、日本晚樱、山楂、五角枫、元宝枫 灌木：连翘、小蜡、锦带花、金叶女贞、金银木、蓝星高山刺柏、三角梅

续表

耐旱性强弱	植物种类
耐旱性较弱	乔木：糖槭、红松 灌木：大叶黄杨、棣棠、小叶女贞
耐旱性弱	乔木：银杏 竹类：菲白竹

表 4-2 天津草本花卉耐旱性分级

耐旱性强弱	植物种类
耐旱花卉	八宝景天、大花马齿苋、费菜、佛甲草、马蔺、芍药、沿阶草
半耐旱花卉	波斯菊、非洲万寿菊、花烟草、金光菊、金鸡菊、菊花、狼尾草、芒、美人蕉、千鸟花、天人菊、细叶芒、萱草、薰衣草、鸭跖草、一串红
中生花卉	矮牵牛、白花车轴草、鸡冠花、蛇鞭菊、鼠尾草、银边玉簪、玉簪、紫萼玉簪、紫露草
湿生花卉	鸢尾、吉祥草、彩叶草、草芙蓉、黑麦草、蛇莓、随意草
水生花卉	芦苇、千屈菜、香蒲

4.1.2 节水耐旱植物选择策略

在应用耐旱植物时要优先考虑植物的生态适应性，当地的年降雨量、年平均气温、土壤成分含量等都对耐旱性植物有较大影响，应明确植物所需的生长条件，因地制宜地进行栽植。优先选取乡土植物，并重点运用其中重要值较高的植物，这些植物对用水的需求相对外来物种较低，部分乡土植物仅依靠自然降水就能生长良好，使用水量大幅度减少。同时，应避免选择喜水植物，耐旱植物与喜水植物混植时，喜水植物需大量浇水，使得节水优势得不到体现，且一定程度上影响耐旱植物的生长发育。在保证节约水资源的基础上，应多选用观赏价值较高、季相变化丰富的植物，使得节水型植物景观也有彩化效果。

4.1.3 天津节水型城市公园适生植物材料

根据天津城市公园耐旱性分级，结合节水综合等级为Ⅰ级的植物群落中出现的乔木、灌木、草本，以及重要值较高的树种、乡土树种等，筛选出以下适生节水植物作为基本模式树种。

1. 乔木层

常绿乔木：侧柏、刺柏、黑松、雪松、龙柏、圆柏、樟子松、白皮松、红皮云杉、油松。

落叶乔木：国槐、绒毛白蜡、刺槐、栾树、香椿、臭椿、豆梨、核桃、丝棉木、杜仲、构树、旱柳、合欢、黄金槐、黄连木、黄栌、火炬树、馒头柳、龙桑、龙爪槐、毛白杨、五角枫、皂荚、榆树。

观花乔木：杏树、樱花、海棠、桃花、梨。

观果乔木：山楂、石榴、柿树、苹果、桑树。

2．灌木层

常绿灌木：大叶黄杨、凤尾兰、铺地柏、沙地柏、紫叶小檗、金叶女贞。

落叶灌木：红瑞木、金叶榆、金银木、连翘、木槿、平枝栒子、猬实。

观花灌木：榆叶梅、丁香、黄刺玫、月季、珍珠梅、紫薇、迎春、长春花。

观果灌木：枸杞。

3．草本花卉与地被植物

八宝景天、马蔺、费菜、波斯菊、沿阶草、大花马齿苋、佛甲草、花烟草、金光菊、金鸡菊、菊花、狼尾草、芒、美人蕉、蛇鞭菊、芍药、千鸟花、天人菊、细叶芒、萱草、薰衣草、一串红、鸭跖草。

4.2 节材型植物景观树种选择

4.2.1 节材型植物选择策略

在合理地保留与规划原有植物的基础上再科学地选择植物，控制植物的大小、价格及密度，再结合巧妙的乔灌草比例搭配，才能真正做到节材。

（1）利用常用树种、乡土树种、重要值较高树种。在保证达到类似景观效果的基础上，要优先考虑常用树种、优势树种、乡土树种或价格更便宜的树种，不仅能够降低造景成本，还能利用乡土树种的优势构建地带性优势生态植物群落。

（2）选用维护需求低、生命力较旺盛的植物，降低材料长期的平均消耗成本。

（3）速生植物与慢生植物搭配栽植，保证近远期景观效果。

（4）选用生产性植物，增加经济价值与景观互动性。

（5）使用小苗和存苗量较多的植物，幼树与成年树搭配栽植，以小苗为主，重点表现区域适量栽植大规格苗木。

（6）合理利用野生植物，营造城市中别致的郊野景观。合理地运用野生植物，可大大降低苗木费用、后期养护成本、耗水量等，并能形成一定的地域性特色景观。

4.2.2　天津节材型城市公园适生植物材料

根据节材型植物选择策略，结合节材综合等级为Ⅰ级的植物群落中出现的乔木、灌木、草本，以及重要值较高的树种、乡土树种、经济树种等，筛选出以下适生节材植物作为基本模式树种。

1．乡土植物

天津乡土植物包括自然分布的植物和引种多年并适应当地自然条件的外来植物，主要有以下植物种类。

乔木：绒毛白蜡、国槐、刺槐、龙柏、臭椿、合欢、核桃、黑松、侧柏、刺柏、构树、海棠、旱柳、黄连木、黄栌、龙桑树、龙爪槐、栾树、馒头柳、毛白杨、苹果、山楂、石榴、柿树、丝棉木、银杏、樱花、榆树、圆柏、皂荚、梓树、柳树、桑树等。

灌木：大叶黄杨、丁香、黄刺玫、黄杨、金叶女贞、金银木、连翘、榆叶梅、月季、长春花、珍珠梅、紫薇、玫瑰等。

藤本：爬山虎、紫藤等。

草本：八宝景天、费菜、大花马齿苋、鸡冠花、菊、马蔺、千屈菜、芍药、萱草、芦苇等。

2．耐盐碱植物

绒毛白蜡、火炬树、臭椿、香椿、刺槐、白榆、国槐、杜梨、构树、合欢、旱柳、核桃、皂荚、桑树、银杏、梧桐、法桐、泡桐、柿树、玉兰、毛白杨、梓树、黄连木、龙柏、园柏、雪松、白皮松、红皮云杉、盐肤木、紫薇、金叶榆、杏、海棠、枸杞、榆叶梅、红瑞木、金叶莸、金银木、野蔷薇、紫叶小檗、耐盐玫瑰、凤尾兰、丁香、黄刺玫、月季、连翘、锦带花、凌霄、紫藤、五叶地锦、虎尾草、费菜、马蔺、芦苇、香蒲、水葱等。

3．生产性植物

生产性植物，既能美化环境，增加景观互动性，又能带来经济价值。天津适生生产性植物主要有：苹果、梨、桃、核桃、海棠、枸杞、山楂、樱桃、枣树、猕猴桃、柿树、葡萄、西瓜等。

4．速生植物

油松、黑松、樟子松、侧柏、桧柏、臭椿、香椿、黄栌、火炬树、速生国槐、速生柳、毛白杨、桉树、速生法桐、大叶速生槐、中华红叶杨、速生白蜡、紫叶稠李、泡桐、构树、白榆、爬山虎等。

4.3 节地型植物景观树种选择

4.3.1 节地型植物选择策略

单从绿化角度上讲，节地措施主要从扩大平面密度、发展立体空间绿化及搭配复层结构等途径提高植物叶面积指数，植物选择需对应不同的节地措施加以筛选，其中立体绿化与复层植物景观运用相对较广。立体绿化指的是除平面绿化以外的所有绿化形式，在建筑物或构筑物的屋顶、立面、地下等空间进行多层次的美化以拓展城市绿化空间、改善局部地区的气候和生态环境。立体绿化包括含有种植槽的屋顶绿化、含有培养基质的模块式垂直绿化、框架牵引式的垂直绿化等多种类型。屋顶绿化为建筑物、构筑物等的屋顶、露台、阳台上进行种植树木花卉的统称。模块式垂直绿化是将带有种植容器的模块化构件安装到构筑物或建筑垂直面上，在模块中种植物实现墙体绿化的一种方式。

1.屋顶绿化植物选择策略

首先，应掌握屋顶的土壤条件、采光、通风、供水、屋顶负载等多种环境因素，再确定植物的大小与品种。全日照直射区域应选用喜阳植物，日照时间较短区域宜选用半阳性植物。因屋顶的特殊环境和承重重力限制，绿化宜多选矮小的灌木和草本植物以利于植物的运输栽种；应尽量种植浅根系植物防止其根系对屋面的侵蚀；宜种植耐瘠薄的植物防止施肥影响到周围环境；尽量选用抗风、耐积水的植物以应对构筑物上空风大、易短时间积水等问题；尽可能选择耐修剪、耐移植的植物以控制植株的大小。

2.模块式垂直绿化植物选择策略

为保证植物景观的长久性与群落稳定性，应选用多年生常绿观叶植物。注重群体美时，需考虑植物高度与花期的一致性；注重季相变化时，宜选用花期不同、花期长的植物。由于模块与钢架支撑重量的限制以及培养介质少的问题，要求植物的重量与体积要小，以选择浅根性低矮灌木与草本为主。在植物生态属性方面，宜选用抗性强、维护需求低、病虫害少、蔓延性与生长速度适中的植物以维持景观效果并减少养护成本。

3.框架牵引式垂直绿化植物选择策略

选择植物时应综合考虑框架的类型、高度、材质等与植物攀援习性、攀援能力、观赏特性的协调：缠绕类适合用于棚架、栏杆等，攀缘类适用于棚架、篱墙和垂挂等，钩刺类适用于篱墙、栏杆和棚架等，攀附类适用于墙面；被绿化的框架应与植物的色彩、质感、形态相协调。避免单一植物种类的观赏缺陷，应尽量选用多种植物，以丰富季相变化，延长观赏期。

4．复层植物群落植物选择策略

本研究将节地型复层植物景观分为大乔木层、小乔木与灌木层、地被层3层，上层植物以枝叶舒朗型落叶植物为主，搭配常绿针叶树种，郁闭度适中，重点突出枝干形态的优美与林冠线的跌宕起伏，中层小乔木与灌木最接近游人视线范围，因此，应将设计重点放在中层，小乔木宜选用枝叶茂密的常绿或观花树种作为基调树种，间或插入栽植叶形精致、色彩丰富的观叶、观果植物，形成色彩绚丽，疏密有致，交错融合的中层乔木序列，灌木层宜自然式栽植布置，枝叶茂密紧致的植物与线条自然飘逸的植物相搭配，灌木层盖度宜大于60%，凸显植物群落基部的稳实之感。林下环境，随着上层乔木叶幕的不断增密，林下光照将越来越弱，因此，下层宜选用耐阴观花地被植物，为弥补上层空间冬季与早春时期观赏点较少的问题，且此时段光照更加充足，可满足下层植物的生长和开花需求，因此地被宜种植冬季或早春开花植物。另外，复层结构还可与经济生产相结合，复层式的城市公园经济植物栽培结构，既能美化环境，又能提高园林绿地的利用效率。群落上层与中层树种，一旦种植将产生长期良好的经济和生态环境效益。

4.3.2　天津节地型城市公园适生植物材料

根据节地型植物选择策略，结合节地型综合等级为Ⅰ级的植物群落中出现的乔木、灌木、草本，以及重要值较高的树种、乡土树种等，筛选出以下适生节地植物作为基本模式树种。

1．天津屋顶绿化适生植物材料

乔木层：油松、龙柏、桧柏、银杏、西府海棠、栾树、龙爪槐、红叶李、紫薇、紫荆、黄栌、红瑞木、木槿、玉兰、垂枝榆、柿树、七叶树、樱花、山楂、海棠等。

灌木层：黄刺玫、金银木、连翘、榆叶梅、珍珠梅、紫叶小檗、紫叶矮樱、小叶黄杨、铺地柏、女贞、水蜡树、大叶黄杨、凤尾兰、迎春、平枝枸子、郁李、丁香、棣棠、月季、大花绣球、锦带花、沙地柏、猬实等。

地被层：佛甲草、白花车轴草、彩叶草、一串红、八宝景天、费菜、红叶景天、绣线菊、大花马齿苋、玉簪、马蔺、蛇鞭菊、芍药、鸢尾、萱草、薰衣草、沿阶草等。

草坪植物：高羊茅、结缕草、早熟禾、野牛草等。

藤本：紫藤、葡萄、五叶地锦、金银花、常春藤、爬山虎、凌霄、蔷薇等。

2．天津模块式垂直绿化适生植物材料

灌木：紫叶小檗、大叶黄杨、金叶女贞、小叶黄杨、小叶女贞、黄刺玫、珍珠梅、多花蔷薇、日本小檗、水蜡、沙地柏、平枝枸子、柽柳、迎春、紫叶矮樱、砂地柏、铺地柏、丰花月季、微型月季等。

草本：八宝景天、费菜、玉簪、银边玉簪、紫萼玉簪、矮牵牛、白花车轴草、佛甲草、彩叶草、马蔺、大花马齿苋、蛇莓、沿阶草、紫露草、鸭跖草、石竹、桔梗、小冠花、萎陵菜、天人菊、波斯菊等。

3．框架牵引式垂直绿化适生植物材料

（1）根据植物攀援习性分类。

缠绕类（适用于栏杆、棚架等）：紫藤、金银花、南蛇藤、藤萝、菜豆、牵牛等。

攀缘类（适用于篱墙、棚架和垂挂等）：蛇葡萄、丝瓜、葫芦、猕猴桃等。

钩刺类（适用于栏杆、篱墙和棚架等）：多花蔷薇、藤本月季、木香等。

攀附类（适用于墙面等）：爬山虎、三叶地锦、美国凌霄、凌霄、常春藤等。

（2）根据植物攀援能力分类。

高度在 2m 以上，可种植爬蔓月季、常春藤、牵牛、茑萝、菜豆、猕猴桃等。

高度在 5m 左右，可种植葡萄、杠柳、紫藤、丝瓜、金银花、木香等。

高度在 5m 以上，可种植：爬山虎、凌霄、山葡萄等。

天津城市公园资源节约型植物景观设计模式与案例优化

5.1 天津城市公园资源节约型植物景观模式构建

5.1.1 节水型植物景观模式

根据节水型城市公园植物景观评价结果得出的优势群落模式及其群落结构、物种组成，构建出复层型植物景观模式和密林型植物景观模式。

5.1.1.1 复层型植物景观模式

复层型植物景观模式以节水植物为主，上层选用阳性乔木，中层选用半耐阴灌木，下层种植抗逆性地被植物，如需活动空间再搭配小面积的节水草坪植物，上层空间宜将生长茂盛与枝叶通透性好的乔木相搭配，以保证中层灌木与下层地被生长发育良好（见表 5-1）。

表 5-1　　　　天津节水型城市公园复层型植物景观模式

群落指标	推荐配置模式
垂直结构	乔木—灌木—地被
物种组成	Shannon-Wienner 指数＞1.5 乔木：灌木：地被≈1：0.8：0.3 常绿：落叶≈1：4 速生：慢生≈1：3 乡土植物比例＞60% 耐旱性植物比例＞80%（盖度比）

群落指标	推荐配置模式
配置模式	（1）绒毛白蜡＋圆柏＋合欢＋海棠＋黄栌＋桃花—大叶黄杨＋丁香＋紫叶小檗＋凤尾兰＋黄刺玫—八宝景天＋萱草＋马蔺＋波斯菊 （2）国槐＋油松＋丝棉木＋香椿＋杏花＋桃花—紫薇＋沙地柏＋红瑞木＋珍珠梅＋枸杞—芍药＋蛇鞭菊＋金鸡菊＋沿阶草 （3）刺槐＋刺柏＋核桃＋石榴＋海棠＋樱花—金叶榆＋连翘＋铺地柏＋榆叶梅＋月季—美人蕉＋大花马齿苋＋马蔺＋千鸟花 （4）栾树＋臭椿＋雪松＋黄连木＋黄金槐＋梨—木槿＋平枝枸子＋迎春＋枸杞＋金叶女贞—鸭跖草＋一串红＋长春花＋沿阶草 （5）柿树＋侧柏＋旱柳＋龙爪槐＋山楂—榆叶梅＋紫薇＋大叶黄杨＋猥实＋黄刺玫—细叶芒＋花烟草＋金光菊＋费菜

5.1.1.2 密林型植物景观模式

密林型植物景观模式是指大面积高密度栽植节水耐旱且冠大荫浓的乔木，林缘搭配观叶、观花、观果等观赏价值较高的小乔木或灌木，林下种植耐阴地被的群落结构模式。按乔木种类分成纯林与混交林，模式构建见表 5-2。

表 5-2　　　　　　　天津节水型城市公园密林型植物景观模式

群落指标	推荐配置模式
垂直结构	乔木—灌木—地被
物种组成	乔木：灌木：地被 ≈ 1：0.2：0.8 常绿：落叶 ≈ 1：3 速生：慢生 ≈ 1：4 乡土植物比例 > 60% 耐旱性植物比例 > 80%（盖度比）
配置模式	（1）纯林：油松—珍珠梅＋金银木＋凤尾兰—沿阶草 （2）纯林：核桃—紫薇＋黄刺玫＋沙地柏—马蔺 （3）纯林：雪松—木槿＋连翘＋紫叶小檗—费菜 （4）混交林：臭椿＋旱柳＋黄连木—丁香＋铺地柏—玉簪 （5）混交林：国槐＋杜仲＋雪松—榆叶梅＋黄杨—八宝景天

5.1.2 节材型植物景观模式

根据节材型城市公园植物景观评价结果得出的优势群落模式及其群落结构、物种组成，结合案例研究与分析得出的其他节材性优势，构建出乡土性植物景观模式和速生与慢生树种相结合植物景观模式。

5.1.2.1 乡土性植物景观模式

以乡土植物为主，结合地带性群落及上述节材型优势群落的物种组成、种植结构等，总结演绎出多功能、多层次的乡土性植物景观模式（见表5-3）。

表5-3　　　　　　　天津节材型城市公园乡土性植物景观模式

群落指标	推荐配置模式
垂直结构	乔木—灌木—地被
物种组成	乔木：灌木：地被≈1：0.6：0.4 常绿：落叶≈1：3 速生：慢生≈1：3 乡土植物比例＞80%（盖度比）
配置模式	（1）国槐＋毛白杨＋绒毛白蜡＋圆柏＋山楂＋龙爪槐—黄刺玫＋大叶黄杨＋连翘＋月季—芍药＋萱草 （2）栾树＋核桃＋黑松＋刺槐＋石榴＋黄栌—紫薇＋大叶黄杨＋黄刺玫＋丁香—鸡冠花＋八宝景天 （3）臭椿＋丝棉木＋合欢＋皂荚＋侧柏—金银木＋连翘＋金叶女贞＋榆叶梅—费菜＋马蔺 （4）刺槐＋柿树＋龙柏＋海棠＋黄连木＋樱花—大叶黄杨＋珍珠梅＋玫瑰＋长春花—费菜＋大花马齿苋 （5）毛白杨＋银杏＋刺柏＋苹果＋龙桑＋海棠—连翘＋金银木＋黄杨＋丁香—菊＋千屈菜

5.1.2.2　速生与慢生树种相结合的植物景观模式

配置群落注重速生与慢生、幼树与成年树、常绿与落叶树种的合理搭配，使之在四季均有特色景观可赏的同时，有效降低养护管理成本，大大减少资源的浪费，模式构建见表5-4。

表5-4　　天津节材型城市公园速生与慢生树种相结合的植物景观模式

群落指标	推荐配置模式
垂直结构	乔木—灌木—地被
物种组成	乔木：灌木：地被≈1：0.8：0.6 常绿：落叶≈1：3 速生：慢生≈1：3 乡土植物比例＞80%（盖度比）
配置模式	（1）泡桐＋圆柏＋毛白杨＋山楂＋龙爪槐—黄刺玫＋大叶黄杨＋连翘＋月季—芍药＋萱草＋吉祥草 （2）栾树＋黑松＋刺槐＋石榴＋黄栌—紫薇＋小叶女贞＋黄刺玫＋丁香—费菜＋八宝景天＋玉簪 （3）臭椿＋丝棉木＋合欢＋皂荚＋侧柏—金银木＋连翘＋金叶女贞＋榆叶梅—费菜＋马蔺＋千鸟花 （4）意杨＋柿树＋桧柏＋海棠＋黄连木＋樱花—大叶黄杨＋珍珠梅＋玫瑰—长春花＋费菜＋大花马齿苋 （5）香椿＋银杏＋刺柏＋苹果＋火炬树—连翘＋金银木＋黄杨＋丁香—美人蕉＋白车轴草＋紫萼玉簪

5.1.3 节地型植物景观模式

根据节地型城市公园植物景观评价结果得出的优势群落模式及其群落结构、物种组成等，结合文献查阅总结得出的其他节地型措施，运用天津适生植物材料，构建出立体绿化植物景观模式和复层植物景观模式。

5.1.3.1 复层植物景观模式

复层植物景观模式种植密度虽大但不影响植物间的相互生长的植物，在形成层次丰富、景观优美效果的同时，保证了植物群落的生态稳定与自我调节能力，在适当改造地形的同时可以增加树木的种植面积，提高绿地利用率，模式总结见 5-5。

表 5-5　　　　　　　　　天津节地型城市公园复层植物景观模式

群落指标	推荐配置模式
垂直结构	乔木—灌木—地被
物种组成	乔木：灌木：地被 ≈ 1∶0.8∶0.6 常绿：落叶 ≈ 1∶3 速生：慢生 ≈ 1∶2 乡土植物比例 > 80%（盖度比）
配置模式	（1）意杨＋龙柏＋樟子松＋国槐＋桃—连翘＋金银木＋黄刺玫＋凤尾兰—费菜＋佛甲草＋玉簪 （2）国槐＋雪松＋合欢＋毛白杨＋山楂＋黄金槐＋红叶李—丁香＋月季＋珍珠梅＋小叶女贞＋锦带花—金鸡菊＋马蔺＋萱草＋波斯菊 （3）刺槐＋丝棉木＋国槐＋红松＋海棠＋红叶李—连翘＋黄杨＋紫叶小檗＋红瑞木＋榆叶梅＋月季—吉祥草＋矮牵牛＋大花马齿苋 （4）黑松＋银杏＋黄栌＋苹果＋山楂＋桃—金银木＋大叶黄杨＋金叶女贞＋月季—狼尾草＋吉祥草＋费菜 （5）豆梨＋毛白杨＋圆柏＋绒毛白蜡＋黄金槐＋杏树—榆叶梅＋凤尾兰＋金叶榆＋黄刺玫＋铺地柏—芍药＋薰衣草＋随意草 （6）栾树＋绒毛白蜡＋雪松＋石榴＋海棠＋黄栌—紫薇＋小叶女贞＋黄杨＋棣棠＋红瑞木＋月季—彩叶草＋花烟草＋沿阶草

5.1.3.2 立体绿化植物景观模式

立体绿化植物景观模式从框架牵引式垂直绿化、模块式垂直绿化与屋顶绿化三方面构建模式，其中框架式牵引绿化在天津城市公园内较为常见的类型有附壁式、棚架式、篱栏式等垂直绿化，详细模式构建见表 5-6。

表 5-6 　　　　　　　　　　天津节地型城市公园立体绿化植物景观模式

绿化形式		主要用途	垂直结构	推荐配置模式
框架牵引式垂直绿化	附壁式	裸岩、假山、墙面等	乔木—灌木—藤本—地被；藤本	裸岩、假山：刺槐 / 臭椿 / 榆树 / 马尾松 / 栾树 / 火炬树 / 侧柏—盐肤木 / 马棘 / 紫穗槐 / 锦鸡儿 / 胡枝子—五叶地锦 / 凌霄 / 常春藤 / 葛藤—黑麦草 / 费菜 / 马蔺 / 芒草 / 佛甲草 墙面：爬山虎 / 常春藤 / 三叶地锦 / 凌霄
	棚架式	花棚、亭、廊、榭等	藤本	缠绕类：紫藤 / 金银花 / 葛藤 / 南蛇藤 / 藤萝 / 菜豆 / 牵牛 攀缘类：葡萄 / 葫芦 / 猕猴桃 钩刺类：蔷薇 / 藤本月季 / 木香
	篱栏式	围墙、篱架、栏杆等	乔木—灌木—藤本—地被；灌木—藤本—地被	围墙： （1）栾树 + 海棠—大叶黄杨 + 月季—紫藤—天人菊 + 吉祥草 （2）侧柏 + 臭椿 + 紫薇—紫叶小檗—金银花—八宝景天 + 白花车轴草 （3）银杏 + 樱花—小叶女贞—藤本月季—长春花 + 紫露草 （4）元宝枫 + 黄金槐—丁香—黄刺玫—蔷薇—金光菊 + 彩叶草 篱架、栏杆： （1）黄刺玫 + 金银木 + 月季 + 凤尾兰—爬山虎 + 牵牛—狼尾草 + 吉祥草 （2）迎春 + 猥实 + 珍珠梅 + 小叶女贞—蔷薇—菜豆—萱草 + 彩叶草 （3）三角梅 + 玫瑰 + 枸杞 + 大叶黄杨—藤本月季 + 葫芦—鸭跖草 + 费菜 （4）紫薇 + 榆叶梅 + 小蜡 + 紫叶小檗—凌霄 + 金银花—矮牵牛 + 薰衣草
模块式垂直绿化		立体花坛、建筑外立面、围墙等	灌木—地被	灌木型： （1）小叶女贞 + 紫叶小檗 + 丰花月季 + 多花蔷薇 （2）大叶黄杨 + 金叶女贞 + 紫叶矮樱 + 日本小檗 （3）平枝栒子 + 柽柳 + 迎春 + 珍珠梅 （4）洒金柏 + 砂地柏 + 小叶黄杨 + 微型月季 草本型： （1）八宝景天 + 费菜 + 常夏石竹 + 天人菊 + 薰衣草 （2）红酢浆草 + 波斯菊 + 矮牵牛 + 玉簪 + 彩叶草 （3）随意草 + 狼尾草 + 薰衣草 + 金光菊 + 一串红 （4）沿阶草 + 鸭跖草 + 紫露草 + 蛇莓 + 佛甲草 混合型： （1）长春花 + 铺地柏 + 马蔺 + 银边玉簪 + 彩叶草 （2）大叶黄杨 + 紫叶小檗 + 金叶女贞 + 八宝景天 + 费菜 （3）迎春 + 柽柳 + 多花蔷薇 + 鸢尾 + 千鸟花 + 大花马齿苋 （4）小叶女贞 + 紫叶小檗 + 微型月季 + 蛇鞭菊 + 薰衣草

续表

绿化形式	主要用途	垂直结构	推荐配置模式
屋顶绿化	屋顶、阳台；大型假山等	乔木—灌木—地被	（1）银杏＋龙爪槐＋紫薇—黄刺玫＋小叶黄杨—绣线菊＋紫露草＋沿阶草 （2）龙柏＋海棠＋红瑞木—榆叶梅＋连翘＋月季—草芙蓉＋鸢尾＋八宝景天 （3）玉兰＋黄栌＋木槿—金叶榆＋小叶女贞＋迎春—萱草＋彩叶草＋马蔺 （4）栾树＋红叶绿＋樱花—铺地柏＋棣棠＋紫叶矮樱—金光菊＋佛甲草

5.2　天津城市公园资源节约型植物景观优化改造实例

5.2.1　节水型植物景观案例优化改造

节水型植物景观评价结果的综合评价指数显示人民公园 3 号样地的生态度、观赏度与文化度三方面的指数最低，因此对其进行优化设计。

人民公园 3 号样地位于人民公园，面积约为 405m²，其东面为公园入口处道路，南面为公园围墙。群落内运用大量乡土树种，耐旱植物比例高于 80%，但由于群落层次简单、结构不合理、乔灌草比例不恰当等问题，导致群落生态失衡，较多植物枯萎或濒临死亡。位于群落东南角的山楂，其上层空间无遮阴大乔，且下层大面积草坪需消耗水分，使得山楂在光照充足且干旱少雨的季节出现群体枯萎或死亡现象，因此在此增加一株通透性较好的毛白杨，下层山楂在获得适当光照，保证其正常生长发育的同时，又可为其遮阴以减少蒸腾作用所消耗的水分。群落北边林缘的榆叶梅，有一株已死亡，位于毛白杨树荫下的榆叶梅植株明显比直接受阳光照射的植株长势好。群落内植物以乔木为主体，灌木虽然种类不少，但数量较少，其余地面空间均由草坪覆盖，草坪盖度已大于木本植物盖度，使得耗水量大大增加。

样地周围均以大叶黄杨围合，不用考虑游人入内的活动空间，因此没有必要种植草坪植物。优化后的植物景观，以乔灌木为主，其他裸露的地面，林下以耐阴的费菜、萱草、沿阶草覆盖，林缘种植阳性且观赏价值较高的地被植物，包括长春花、鼠尾草、波斯菊等，优化前后平面图、实景图与效果图如图 5-1 ～图 5-4 所示，优化后见表 5-7。

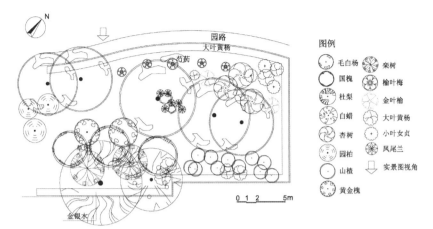

图 5-1 人民公园 3 号平面图

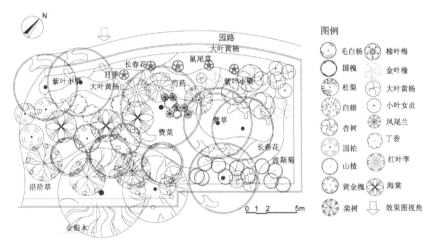

图 5-2 人民公园 3 号优化后平面图

图 5-3 人民公园 3 号实景图

图 5-4 人民公园 3 号优化后效果图

表 5-7 　　　　　　　　人民公园样地 3 号公园植物种类组成及其特征

植物种类	科	属	数量 / 盖度	生活型	常绿 / 落叶	胸径（cm）	高度（m）	冠幅（m）
毛白杨	杨柳科	杨属	6+1*	乔木	落叶	23 ～ 42	13 ～ 14	5.5 ～ 8
杏树	蔷薇科	杏属	3	小乔木	落叶	—	2.8 ～ 3.1	2.8 ～ 4
山楂	蔷薇科	山楂属	11	小乔木	落叶	—	1.9 ～ 2.3	1 ～ 1.4
圆柏	柏科	圆柏属	3	乔木	常绿	—	3.8 ～ 5	1.6 ～ 2.4
黄金槐	豆科	槐属	2	乔木	落叶	6 ～ 7	4.5	3.2
国槐	豆科	槐属	3	乔木	落叶	15 ～ 22	7 ～ 7.2	3.8 ～ 4
绒毛白蜡	木犀科	梣属	1	乔木	落叶	20	6	7
豆梨	蔷薇科	梨属	1	乔木	落叶	40	7.5	7.5
栾树	无患子科	栾树属	2+1*	乔木	落叶	5 ～ 10	3 ～ 5	1.8 ～ 2.8
金叶榆	榆科	榆属	2	小乔木	落叶	—	1.9	1.6
榆叶梅	蔷薇科	桃属	5	灌木	落叶	—	1.5 ～ 1.8	1 ～ 1.4
凤尾兰	龙舌兰科	丝兰属	6	灌木	常绿	—	0.6	0.6 ～ 0.9
大叶黄杨	黄杨科	黄杨属	7	灌木	常绿	—	0.8 ～ 1.3	1 ～ 1.2
小叶女贞	木犀科	女贞属	3	灌木	常绿	—	0.6	0.6
金银木	忍冬科	忍冬属	3%	灌木	落叶	—	1	—
大叶黄杨（绿篱）	黄杨科	黄杨属	9%+5%*	灌木	常绿	—	0.5	—
芍药	芍药科	芍药属	0.4%+6%*	草本	—	—	0.3	—
海棠*	蔷薇科	木瓜属	3	小乔木	落叶	—	2.5	2.5
红叶李*	蔷薇科	李属	3	小乔木	常绿	—	3	2.3
月季*	蔷薇科	蔷薇属	4%	灌木	落叶	—	0.5	—
紫叶小檗*	小檗科	小檗属	4%	灌木	常绿	—	0.4	—
长春花*	夹竹桃科	长春花属	7%	亚灌木	—	—	0.25	—
波斯菊*	菊科	秋英属	4%	草本	—	—	0.3	—
费菜*	景天科	景天属	8%	草本	—	—	0.3	—
鼠尾草*	唇形科	鼠尾草属	5%	草本	—	—	0.3	—
沿阶草*	百合科	沿阶草属	15%	草本	—	—	0.2	—

注　表中带 * 为优化后增加的植物与数量。

　　人民公园的前身是私家别墅，后经人民政府全面规划改造，更名为人民公园。北部地区是儿童游乐区，南部地区是动物观赏区，由于景区规划的特殊性，人民公园设有大量建筑与围墙，为了响应拆墙透绿的号召，位于该群落南边的围墙也设了透景窗，使游人能够通过窗户共享园内的优美景色，然而在这里并未实现这一设想，透过景窗的画面是大面积生长不良的草坪、草坪枯死后裸露的土壤、枯萎的树枝、上层乔木的树干。从园内视线看，因群落缺少中层植物，导致空间过于通透，围墙不美观的地方并未得到较好的遮挡（见图5-3），且该处群落中部有无乔灌木覆盖的草坪面积，耗水量较大，因此应增加适量的中层小乔与灌木。在光照较充足的区域增加适量的乔灌木，包括喜阳的海棠、丁香、红叶李、月季、芍药等，林下种植耐阴的紫叶小檗与大叶黄杨，林缘种植喜阳耐旱且植株较低矮的亚灌木长春花与草本植物鼠尾草（图5-4）。改造所运用的植物均为适应当地气候的乡土植物或是经过多年引种在当地表现良好适应性的植物，在改善生态度因素同时，保证了景观效果和地域性特色。

优化后的群落用前文构建的节水型城市公园植物景观评价体系再次进行评价，发现各指标分值均有所提升，改造后的综合评价指数由原来的72.20%提高到92.99%，等级由Ⅳ级提高至Ⅰ级。

5.2.2 节材型植物景观案例优化改造

根据评价结果，对指数较低样地进行优化设计，水上公园5号样地在生态度、观赏度与文化度三方面的指数最低。水上公园5号样地位于水上公园，被园路环绕，东面为建筑，面积约为453m²。群落内植物对环境适应性表现一般，因植物选择、配植与群落结构的不合理，造成了一些植物叶片枯萎或死亡、大部分小乔木枝叶稀疏的现象。能够覆盖地面的灌木和地被仅占群落面积的7.5%，其余土壤均由草坪覆盖，且上层大乔木均集中于南边，其他区域郁闭度极小，使得群落整体耗水量极高，浪费了大量的水资源及人力物力。需经常修剪的球形灌木被成丛栽植，数量过多，大大增加了养护成本。桃树虽为经济果木，但生长快，需常维护，否则容易徒长，造成树势早衰；馒头柳性喜温凉，但天津夏季炎热，造成其枝叶稀疏生长不良；群落内植物材料应频繁维护并更新，使得该样地在重要程度最高的生态适应性与养护需求两评价因子上得分最低。该样地景观效果一般，植物平面布置过于规整，垂直方向上乔灌草被分成明显的三层，空间过渡极不自然，且整体效果与东面的中式建筑不够协调。乡土植物比例高于70%，但地域性特色不明显。

针对以上问题严格按照适地适树原则对其进行优化设计，优化前后平面图、实景图、效果图及物种组成见图5-5～图5-8及表5-8。群落改造所运用的植物均为原产天津的乡土植物或是已引种多年并在当地气候下表现良好适应性的植物。为丰富季相变化及空间层次，乔木层在群落中部增加了圆柏、雪松、海棠为中层背景，使空间过渡更加自然；在馒头柳西南侧增加一株毛白杨，可为其适当遮阴。成片的造型球灌木在数量上有所缩减，并搭配观叶灌木紫叶小檗及养护需求更低株型更为自然的金银木。林下种植费菜、紫萼玉簪等耐阴地被，林缘种植萱草、八宝景天、马蔺、鸢尾等阳性地被植物，草坪覆盖仅用在组织空间或提供休憩活动的区域。草本花卉用作地被植物不仅具备较高的观赏价值，且在吸附尘土、净化空气、防止水土流失、消除污染等方面的作用均比草坪显著，但养护成本却低得多。优化设计在考虑生态适应性、节约材料、降低养护成本等生态度因素的同时，注重呈现良好的观赏效果与乡土文化特色。

优化后的群落用前文构建的节材型城市公园植物景观评价体系再次进行评价，各指标分值均有所提升，改造后的综合评价指数由原来的 68.80% 提高到 93.78%，等级由Ⅳ级提高至Ⅰ级。

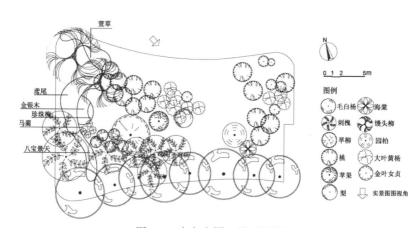

图 5-5　水上公园 5 号 平面图

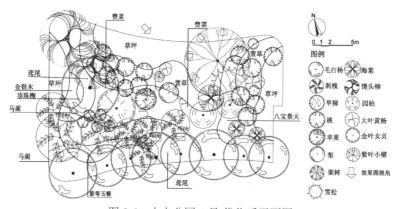

图 5-6　水上公园 5 号 优化后平面图

图 5-7 水上公园 5 号实景图

图 5-8 水上公园 5 号优化后效果图

表 5-8   水上公园 5 号植物种类组成及其特征

植物种类	科	属	数量／盖度	生活型	常绿／落叶	胸径（cm）	高度（m）	冠幅（m）
毛白杨	杨柳科	杨属	8+1*	乔木	落叶	30～38	12～13	3～6
刺槐	豆科	槐属	6	乔木	落叶	18～50	5.5～9.5	4～7
旱柳	杨柳科	柳属	1	乔木	落叶	48	7.5	8
桃	蔷薇科	桃属	20	乔木	落叶	—	1～2	1.2～3.2
梨	蔷薇科	梨属	1	乔木	落叶	—	2	1.7
苹果	蔷薇科	海棠属	1	乔木	落叶	—	2.3	1.6
海棠	蔷薇科	海棠属	1+2*	乔木	落叶	—	2.5	1.3
馒头柳	杨柳科	柳属	2	乔木	落叶	18～20	6～7	6～7
圆柏	柏科	圆柏属	1+1*	乔木	常绿	—	7	2.6
雪松*	松科	雪松属	2	乔木	常绿	18	8	3.3
栾树*	无患子科	栾树属	1	乔木	常绿	22	9	5
大叶黄杨	卫矛科	卫矛属	14—12*	灌木	常绿	—	0.8～2	0.8～2
金叶女贞	木犀科	女贞属	5—3*	灌木	常绿	—	0.8	0.8～1.2
紫叶小檗*	小檗科	小檗属	1*	灌木	常绿	—	1.2	1.3
珍珠梅	蔷薇科	珍珠梅属	0.6%	灌木	落叶	—	1.5～1.8	—
金银木	忍冬科	金银木属	0.4%	灌木	落叶	—	1.6～2.2	—
八宝景天	百合科	景天属	1.1%+11%*	草本	—	—	0.3	
萱草	百合科	萱草属	3.3%+14%*	草本	—	—	0.4	
鸢尾	鸢尾科	鸢尾属	2%+10%*	草本	—	—	0.3	
马蔺	鸢尾科	鸢尾属	0.1%+7%*	草本	—	—	0.2	
紫萼玉簪*	百合科	玉簪属	5.3%	草本	—	—	0.3	
费菜*	景天科	景天属	16.5%	草本	—	—	0.4	

注 表中带 * 为优化后增加的植物与数量。

5.2.3　节地型植物景观案例优化改造

根据评价结果，对节地性城市公园植物景观综合指数最低案例南翠屏公园样地 2 号进行优化设计。

南翠屏公园 2 号样地位于河东公园，南面与主园路相邻，为开敞型空间，面积约 1290m²，属密林草地型植物群落。群落内大部分植物对环境的适应性表现良好，少数植物因群落结构及植物自身属性的关系而出现生长不良的现象。樟子松和旱柳种植过于密集，导致部分植物缺少养分，叶色异常，枝叶稀疏。群落层次结构单一，只有乔木与草坪两层，整个群落地面均由草坪覆盖，虽说草坪能提供良好的活动空间，但大面积草坪的养护代价较高，每月需数次维护浇水，公园规定草坪禁止游人入内，这大大降低了群落的生态效益与社会效益。植物平面布局过于规整，高大的旱柳与低矮的樟子松幼苗相搭，空间过渡不自然，偌大的空间只有一个植物组团，土地利用率极低。几乎无特色观赏季节，林缘缺乏观赏价值更高的植物，且草坪中或密林边无可供游人休憩的遮阴空间，缺乏对大草坪的功能利用。

针对以上问题，选用天津适生树种进行优化设计，因样地面积较大，为能够在提高绿地利用率、增大叶面积指数的同时，提供适宜的活动与观赏空间，将群落分为西边庭荫休憩区与东边特色观赏区。优化前后平面图、实景图、效果图及物种组成见图 5-9 ～图 5-12 及表 5-9。休憩区增加的庭荫树为栾树，其春季嫩叶多为红叶，夏季黄花满树，入秋叶色变黄，果实紫红，形似灯笼，十分美丽，季相明显，是理想庭荫树种，且栾树在该公园其他区域普遍栽植，保证了其对环境的适应性。游人夏季可在此遮阴避暑，冬季落叶后亦可享受阳光沐浴。观赏区增加植物为雪松、樱花、连翘、丁香、月季、大叶黄杨、紫叶小檗、八宝景天等。其中，雪松作为背景围合空间，可体现北方园林的硬朗，并与林缘观花果木形成刚柔并济的景观效果。其余观花小乔、灌木或地被与常绿植物混植作为景观前景，吸引游人停留观赏。优化设计在考虑生态适应性、提高绿地利用率、降低养护成本等生态度因素的同时，还注重保证观赏效果、游人互动性及乡土性等。

最后，优化后的群落用前文构建的节地型城市公园植物景观评价体系再次进行评价，发现各指标分值均有所提升，改造后的综合评价指数由原来的 65.39%提高到 92.60%，等级由Ⅳ级提高至Ⅰ级。

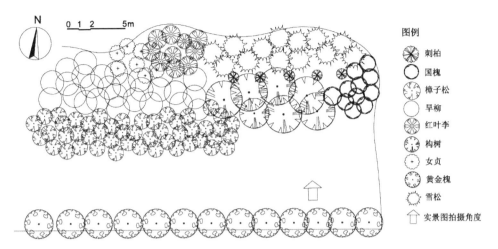

图 5-9 南翠屏公园 2 号平面图

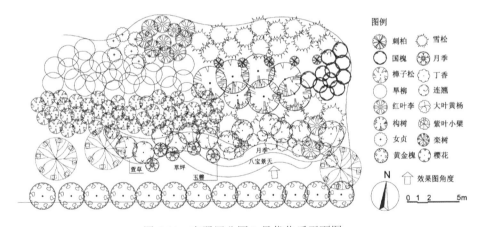

图 5-10 南翠屏公园 2 号优化后平面图

图 5-11 南翠屏公园 2 号实景图

图 5-12 南翠屏公园 2 号优化后效果图

表 5-9 南翠屏公园 2 号植物种类组成及其特征

植物种类	科	属	数量 / 盖度	生活型	常绿 / 落叶	胸径（cm）	高度（m）	冠幅（m）
樟子松	松科	松属	48	乔木	常绿	—	2 ～ 3.5	1 ～ 2.2
旱柳	杨柳科	柳属	27	乔木	落叶	9 ～ 23	8 ～ 9	2 ～ 4
雪松	松科	雪松属	13+6*	乔木	常绿	—	6 ～ 7	2.8 ～ 3.5
红叶李	蔷薇科	李属	12	乔木	常绿	—	1.7 ～ 5	1.8 ～ 2.5
刺柏	柏科	刺柏属	5	乔木	常绿	—	1.3 ～ 2	0.9 ～ 1.2
构树	桑科	构属	7	乔木	落叶	10 ～ 22	5.6 ～ 7.8	5
国槐	豆科	槐属	11	乔木	落叶	6 ～ 16	6 ～ 7	2 ～ 3
女贞	木犀科	女贞属	7	乔木	常绿	9 ～ 12	3.2 ～ 4.8	2 ～ 2.2
黄金槐	豆科	槐属	13	乔木	落叶	4 ～ 11	3 ～ 5.8	3.5
栾树*	无患子科	栾树属	3	乔木	落叶	10	7.5 ～ 8	6
樱花*	蔷薇科	樱属	12	乔木	落叶	—	2.8 ～ 3.5	3
丁香*	木犀科	丁香属	7	灌木	落叶		0.6 ～ 0.8	1
连翘*	木犀科	连翘属	4	灌木	落叶		0.6 ～ 0.8	1
大叶黄杨*	卫矛科	卫矛属	1	灌木	常绿		1	0.8
紫叶小檗*	小檗科	小檗属	3	灌木	常绿		0.8	0.7
月季*	蔷薇科	蔷薇属	2.5%	灌木	常绿		0.6	—
八宝景天*	景天科	八宝属	2.4%	草本	—		0.3	—
玉簪*	百合科	玉簪属	1%	草本	—		0.2	—
萱草*	百合科	萱草属	3.2%	草本	—		0.4	—

注 表中带 * 为优化后增加的植物与数量。

6

结论与讨论

6.1　结　　论

本篇以天津城市公园为研究对象，以园林植物学、生态学、风景园林学、景观美学等理论为指导，研究资源节约型城市公园植物景观调查、评价与构建方法。

1. 天津节水型、节材型、节地型城市公园植物景观样地调查与研究

根据本次调查结果统计，7 个公园 30 个样地中共有种子植物 140 种，隶属47 科 101 属，乡土植物有 80 种，占总数的 57%，可见天津较为重视乡土植物的运用，且为了保证植物景观的彩化效果与物种的多样性，对物种的引种与驯化也较为重视，大量植物经长期驯化已适应当地条件并广泛栽植。天津城市园林植物以落叶阔叶树种为主，搭配常绿针叶和常绿阔叶树种，常绿与落叶树种比为 1∶3，针叶与阔叶树种比为 1∶6，因冬季过于寒冷、四季降水不均等气候因素的影响，较大程度上限制了常绿阔叶树种的生长，因此天津常绿乔木几乎均为针叶树种，常绿阔叶树种一般为灌木。天津草本花卉种类虽然运用较多，但许多群落地面均由大面积草坪覆盖，草本花卉在城市公园中的运用仍有待普及。从区系分布来看，主要以世界分布和温带性科为主，植物主要以暖温带落叶阔叶植物为主，天津城市植物温带性科优势明显，这与天津地处暖温带北部，临近中温带相关。优势乔木以乡土落叶阔叶树种为主，具有较为明显的地带性特征。天津群落类型有针阔混交型、落叶阔叶型、常绿落叶阔叶混交型 3 种，并以针阔混交型为主。群落的垂直结构以乔—灌—草型为主，这种复层植物群落结构更加完善，保障了单位面积上的生态效益，使生态效益最大化。运用较多的空间类型为半开敞空间、开敞

空间与覆盖空间。天津观赏植物运用较丰富，以观花、观果植物为主。

2．天津节水型、节材型、节地型城市公园植物景观综合评价

本研究从生态度、文化度、观赏度三个方面综合评价植物群落，各评级体系均包含 16 个评价因子。节水型植物景观评价结果显示：Ⅰ级节水型植物景观样地有 1 个，占总数的 10%；Ⅱ级的有 4 个，占总数的 40%，Ⅲ级的有 4 个，占总数的 40%；Ⅳ级的有 1 个，占总数的 10%；等级为Ⅱ与Ⅲ的群落最多，综合指数较高位于前三位的群落，均为木本植物为主的乔灌草复层结构或乔灌草密林型结构，且应用耐旱植物比例大于 80%，因综合效益与群落的生态适应性、植物种类、群落结构、乔灌草比例等综合因素相关，乔灌草复层结构也有指数低的情况。节材型植物景观评价结果显示：Ⅰ级节材型植物景观样地有 2 个，占总数的 17%；Ⅱ级的有 6 个，占总数的 50%；Ⅲ级的有 3 个，占总数的 25%，Ⅳ级的为 1 个，占总数的 8%。Ⅱ级样地最多，其次是Ⅲ级样地，天津节材型城市公园植物景观整体处于中上水平，但草坪滥用现象仍十分严峻，是后续绿化建设中极需改善的问题。综合指数较高样地内植物以养护成本较低的乡土木本植物为主，生长茂盛且无病虫害，对环境表现出较强的适应性，建设成本与养护需求较低，且层次错落有致，均呈现出较为良好的景观效果。对节材性植物景观各案例评价过程中发现，继承传统的水上公园与新时代创新的泰丰公园，在植物景观设计点上存在较大差异，前者注重营造乡土特色，后者则更注重呈现景观效果，两者相比前者在节材方面更具优势。节地型植物景观评价结果显示：Ⅰ级节地型植物群落为 1 个，占总数的 12.5%；Ⅱ级的为 4 个，占总数的 50%；Ⅲ级的为 2 个，占总数的 25%；Ⅳ级的为 1 个，占总数的 12.5%。其中Ⅱ级植物群落最多，节地型城市公园植物景观处于中上水平，综合指数较高群落内植物对环境有极好的适应性，空间设计及平面布局合理，配置结合地形变化，结构均为复层型群落结构或是林缘为复层结构的密林型结构，具有层次丰富、绿量大、稳定性高等优势，使得各层植物能够充分利用水分、光照、土壤等自然资源，从而最大化生态效益。

3．天津节水型、节材型、节地型城市公园植物景观典型案例研究

资源节约型植物景观在注重节约性的同时，应加强对观赏度和文化度的展示，因此节水型绿化不能都是复层式植物群落，节材型绿化不能都是疏林草地，节地型绿化也不能都是郁闭的密林，需要根据场地条件、环境因素、功能要求、景观要素等进行科学合理的配置，创造出不同群落类型的植物群落，实现园林植物景观的多样化。在评价结果的基础上，分别对节水型、节材型、节地型植物群落内

综合指数高的样地群落类型进行详细分析。这些典型植物群落具有较高的科学性与艺术性,资源节约度优良,可为天津城市公园植物景观配置提供借鉴。

4．天津节水型、节材型、节地型城市公园植物景观植物材料选择

天津资源节约型城市公园植物材料选择分为节水型、节材型、节地型三方面的植物材料筛选,包括植物材料选择策略与具体植物种类推荐。节水型方面,调研样地内所有植物根据其自身耐旱强弱得出各植物耐旱分级,根据耐旱分级与当地气候,筛选出天津适生植物,包括观花、观果、观叶等植物材料;节材型方面,筛选出天津适生乡土性、生产性和速生植物;节地型方面,根据不同群落模式筛选出相应的适生植物材料。

5．天津节水型、节材型、节地型城市公园植物景观模式构建与案例优化

以上述综合评价结果为基础,构建出节水、节材、节地型天津城市公园植物景观模式。本研究为节水型植物景观构建了复层型与密林型两种群落模式;节材型植物景观方面,构建了利用大量乡土植物的地带性群落和速生与慢生合理比例配植的群落模式;节地型植物景观方面,构建了立体绿化群落与复层型群落模式。在上述综合评价及其结果提炼分析、植物材料筛选、模式构建的基础上,对综合指数较低的较差案例,从生态度、文化度、观赏度三方面进行了优化设计,为天津资源节约型城市公园植物景观改造与优化提供借鉴。

6.2 讨　　论

以往对节约型园林绿化的相关研究,多将资源、成本等对象统筹在一起作为节约的对象,针对性不强,本研究以资源为导向,从节水、节材、节地三个方面进行探讨,使得各个方向的研究更加深入、细致和全面。在节水型、节材型、节地型城市公园植物景观评价体系中,本研究对植物景观的研究不仅考虑其资源节约性的要求,同时注重观赏效益和社会文化效益,评价体系综合了生态度、观赏度、文化度三方面的因子,比以往的评价体系考虑得更加全面,为天津营造多功能、多效益的城市公园植物景观提供理论支撑。在模式构建方面,根据量化分析的结果指导具体的案例模式实践,更具备说服力。

在节水型植物景观研究方面,目前来看,植物群落耗水研究在水土保持方面研究较多,而城市公园群落耗水研究甚少,建议今后应对不同密度与结构的城市公园植物群落进行耗水研究,结合自然植被植物的密度与植物自身耗水特性,以

探讨植物的选择及群落密度与结构的合理配置。耐旱植物对干旱环境有较强的适应性，但在雨水缺乏的情况下，要保持良好的景观效果，仍需适量浇水，只是用水需求量远远小于其他植物。实现节水与生态共存，建设可持续植物景观，这是一项综合的系统工程，除合理的树种选择与规划配植外还应结合其他节水措施，如推广先进节水灌溉方式、收集雨水、施用保水剂、防蒸腾剂、覆盖土壤等。当前，大多数城市园林工作人员缺乏对城市水资源短缺的认识，不规范的绿地后期管理，常造成草地变沼泽地、边"浇花"边"洗路面"的过量灌溉现象，因此还应加大节水宣传力度。

在节材型植物景观研究方面，不仅要考虑植物搭配的结构关系，更应探讨其与气候、地形、水土、环境等相互协调的问题。在绿化建设初期，应尽量避免施工过程中对原有植物的迫害，这些植物在发挥一定生态效益的同时，对公园文化传承、经济建设、景观营造等方面均起到积极作用。此外，如何平衡植物规格与景观效果之间的关系也是节材型植物景观需深入研究的重要内容。作为景观设计师，应在设计初始阶段就融入上述节材理念，以自然与乡土元素为本，设计出低投入、高效益的植物群落与空间。

在节地型植物景观研究方面，要真正做到节地型植物景观，在提高绿地利用率的同时，应充分保留自然土地资源，同时发展垂直绿化、屋顶绿化、草坪砖等节地绿化措施。在节地型植物景观建设中，应以因地制宜为基础，以科技为先导，从规划设计、施工、养护等各环节着手，提高土地资源的利用率，实现园林绿化建设的可持续发展。

总之，节约型园林绿化要求在规划、施工、养护等各个环节中，遵循资源的循环与合理利用的原则，最大限度地节约各种资源，提高资源利用率。因此，在深入研究如何构建以节水、节材、节地为导向的园林植物景观之后，将这三方面的资源节约目标结合起来，可形成更加完善的节约型园林植物景观。在城市公园植物景观设计过程中综合考虑植物群落的节水、节材、节地型生态度因素，包括生态适应性、物种多样性、耐旱性、种植结构、乡土性、养护需求、经济价值、立体绿化等，同时考虑与观赏度与文化度相关的因子，能够建设出更具生态效益、经济效益与社会效益的节约型植物景观。

下篇

基于节约度与美景度评价的
园林植物景观设计

7

概　　论

7.1　研究背景

植物是活的有机体，是园林中最具生命力的造园要素，其通过自身的形态、色彩和明显的季相变化与人们交流。园林植物群落的表现形式与形成因素都较为复杂，它受地理气候、历史文化、特定时间、地点等诸多因素影响，往往能够展示地域的特色，是一个城市自然景观的指示性元素。中国地域辽阔，气候带种类多样，植被丰富，地域气候不同、文化习俗各异，其植物群落也因承载着不同的地域特色而呈现出不同风貌。

随着城市化进程的突飞猛进，园林建设和发展也十分迅速，给城市带来了健康生态的空间，对园林植物群落的探索日益深入，但其过程中由于指导思想偏差及施工养护管理措施上的不力，在植物配置中存在大量能源资源浪费的问题，如反季节栽植、逆境栽植、放弃使用乡土植物和野生植被、植物群落构建不合理等。因此，推广节约型园林是当前城市园林建设的必然选择。城市园林既是一门科学也是一门艺术，植物群落除了提高生态效益和改善环境等功能，其美学价值也尤为重要，可为人们构建景观优美的绿色公共空间。可见，对城市园林植物群落的节约度和美景度两方面进行综合评价显得非常必要。

南暖温带处于北暖温带和北亚热带之间，温和的气候与特定的地理环境决定了其植物种类的多样性与特殊性，季相更替是该地林相的显著特征，如何利用南暖温带地区丰富的植物资源，营造出美观而具有特色的节约型城市园林植物群落，对城市的可持续发展具有重要意义。

7.2　相关概念界定

7.2.1　植物群落

　　植物群落是城市绿地系统生态功能的基础，是城市绿地的基本构成单位。植物群落学是由瑞士学者格拉姆斯（H. Grams）于 1918 年在《植被研究的主要问题》中提出的，是关于植物群落与其环境之间相互关系的一门学科。俄国苏卡·乔夫（Sukar Geoff）提出，植物群落是不同植物的特定结合，存在植物之间、植物与环境之间的相互影响。植物群落是在一定范围内，由建群种为主导而形成的一个复杂的生态系统，其能适应当地环境，与其他生物形成相互联系而稳定的整体。植物群落具有一定的水平结构和垂直结构，有特有的群落外貌，有一定的植物种类配比，并能长期稳定地演替。植物群落可以分为自然群落和栽培群落，自然群落是在长期的历史、气候条件下自然形成的；栽培群落又叫人工群落，是人工配置而形成的植物群落。本研究所调查和研究的均为人工植物群落。

7.2.2　节约型园林、节约度

　　"节约"在《辞海》中解释为"节省、节俭"。国家住房和城乡建设部于 21 世纪初首次提出"节约型园林绿化"的概念，节约型园林绿化就是"以最少的用地、最少的用水、最少的财政拨款、选择对周围生态环境最少干扰的绿化模式"。节约型园林绿化的主要类型有节地、节水、节土、节能和使用环境友好材料等类型。俞孔坚教授提出通过生态设计实现节约型城市园林绿地，包含地方性、保护与节约自然资源、让自然做功和显露自然 4 条基本原理。本研究提出的"节约度"，是在节约型园林内涵的基础上，应用层次分析法，构建评价指标体系以衡量城市园林植物群落对生态改善、资源节约的程度。城市园林植物群落节约度的研究，对生态城市的建设和可持续发展具有重要意义，是实现节约型园林的重要途径。

7.2.3　风景评价、美景度

　　人们对风景的感受、体验和欣赏，会产生愉悦感与和谐感，景观美学阐述了环境中的美及人如何感知环境中的美。风景评价的本质，是在不同的感受中把握不变的规律，认识影响美的本质要素及其相互之间的关系。目前，风景评价的方法和技术日趋成熟，其中的心理物理学派是目前风景评价中应用最广、最科学可靠的方法，强调了公众的平均审美水平。心理物理学方法中的美景度评价法（SBE法）是应用最多、公认最为有效的方法，其经过数据处理，把景观得分转换为不受评判标准和得分值影响的 SBE 值。本研究借鉴美国学者丹尼尔（Daniel）和博士德（Boster）提出的美景度评价法，通过调查问卷法，获得公众对青岛、徐州城市园林植物群落的喜好程度，并转换为美景度量值。

7.2.4 南暖温带

针对城镇绿化的特点、水热条件的生态适应等，我国城镇园林绿化树种区划将我国划分为 11 个城镇园林绿化植被区域：寒温带半干旱城镇绿化区域；温带湿润、半湿润城镇绿化区域；北暖温带湿润、半湿润城镇绿化区域；南暖温带湿润、半湿润城镇绿化区域；北亚热带湿润、半湿润城镇绿化区域；中亚热带湿润城镇绿化区域；南亚热带湿润城镇绿化区域；热带湿润城镇绿化区域；温带半干旱城镇绿化区域；温带干旱城镇绿化区域；青藏高原城镇绿化区域。这一分区从宏观上能够反映我国东—西、北—南方向水热气候和绿化树种的地带性分布。其中，南暖温带在行政区域上主要包括山东南部、河南中北部、江苏、安徽北端、陕西中部，代表城市有青岛、徐州、郑州、开封、西安、连云港等。本研究所调查青岛、徐州均处于南暖温带湿润、半湿润城镇绿化区域。

7.3 研究的目的与意义

植物群落是城市园林的基本构成单位，合理构建节约型城市园林植物群落不仅有利于城市绿化水平的提高，还能更好地促进城市的可持续发展。我国在城市园林植物群落的建设上还存在很多问题，这需要进一步提高城市园林植物群落构建的科学性与艺术性，也更凸显了植物群落评价的重要性。基于以上原因，本研究具有以下意义。

（1）青岛与徐州城市园林植物群落现状的研究，对了解两地乃至南暖温带城市园林植物群落的现状及特色具有重要意义。

（2）在调查城市园林植物群落特征基础上构建节约度评价体系，进行节约度评价，为两地乃至南暖温带城市营造生态、节约的植物群落有现实指导意义，对节约型园林的构建也有重要意义。

（3）美景度的评价对了解公众对植物群落的审美偏好有重要意义，为营造美观、富有人性化与人文关怀的植物群落提供了参考。

本研究旨在为青岛、徐州乃至南暖温带城市园林植物群落评价提供一种新的研究方法，将定性与定量分析相结合，营造科学性与艺术性俱佳的植物群落，为南暖温带地区的植物群落评价和群落特色的塑造提供科学的依据。

8

青岛、徐州城市园林植物群落调查研究

8.1 研究区地域性特征

8.1.1 南暖温带湿润、半湿润城市绿化区域概况

《我国城镇园林绿化树种区划研究新探》将青岛与徐州划分在南暖温带湿润、半湿润城市绿化区域，该区域夏季炎热多雨，冬季多晴日而寒冷少雪，地势西高东低，自然植被属暖温带南部落叶栎林亚地带，最冷月均温在 −2 ～ 0℃，最暖月均温在 18℃ 以上，年均降水量在 500mm 以上。

8.1.2 青岛、徐州自然环境概况

8.1.2.1 地理位置与地质地貌

1．青岛

青岛位于黄海西岸，山东半岛南部，与朝鲜、韩国、日本隔海相望。位于东经 119°30′ ～ 121°00′，北纬 35°35′ ～ 37°09′，东北部毗邻烟台市、西部紧靠潍坊市、西南部连接日照市。为海滨丘陵城市，地势东高西低，南北两侧隆起，中部低陷。其中，山地约占总面积的 15.5%，丘陵占 25.1%，山地丘陵海拔 50 ～ 100m，平原占 37.7%，一般海拔 40 ～ 50m，洼地占 21.7%。东有崂山山脉，西有珠山山脉，北有大泽山脉，中部为胶莱平原和盆地。青岛地质为三叠纪层，岩石以花岗岩为主，

石质坚硬，久耐风霜侵蚀，成土过程甚缓慢。市区全部位于花岗岩之上，建筑地基优良。青岛的海岸线长 730.64km，69 个海岛地貌丰富，总面积为 21.1km²，岸线总长 132km。

2．徐州

徐州地处江苏省西北部，华北平原东南部，北倚微山湖，西连萧县，东临连云港，南接宿迁。位于东经 116°22′～118°40′、北纬 33°43′～34°58′。东西长约 210km，南北宽约 140km。中部和东部存在少数丘岗，丘陵山地面积约占全市 9.4%，一般海拔在 100～200m，其余大部为平原，占土地面积约 90%，一般海拔在 30～50m，平原总地势由西北向东南降低。大地构造上属于华北断块区的南部，区内郯庐断裂带将其分成东西两个不同的地质单元。市区经多次断裂升降运动及侵蚀风化、搬运作用而呈现今日峰峦叠嶂，三面环水的地质景观。

8.1.2.2 气候与水文特征

1．青岛

青岛兼备季风气候与海洋气候特点，空气湿润，降水适中，雨热同季，气候宜人。年平均气温 12.7℃，年平均降水量为 662.1mm，全年降水量大部分集中在夏季，6～8 月份的降水量为 377.2mm，约占全年总降水量的 57%。平均风速为 5.2 m/s。4 月份平均风速最大，8 月、9 月两月最小，具有明显的海陆风特点。干旱（以春旱为主）是最严重的自然灾害，其他则为偶尔发生的冰雹、大风、暴雨和雷电。季节特征为"春迟、夏凉、秋爽、冬长"，青岛地区分布了大沽河水系和胶莱河水系两大水系，共有大小河流 224 条，均为季风区雨源型，多为独立入海的山溪性小河。青岛市地表水完全受大气降水控制，少部分渗入地下，大部分汇集入河出现在地面。

2．徐州

徐州东西狭长使海洋影响程度形成差异，东部属南暖温带湿润季风气候，西部为南暖温带半湿润气候，四季分明，光照充足，雨量适中，雨热同期，春秋短，冬夏长。历年日照时数为 2268.2h，日照率 52%，历年平均气温 14.5℃，历年平均降水量 841.2mm，多集中在 5～9 月，占全年降水量的 70%～84%，无霜期 209 天。主要气象灾害有旱、涝、风、霜冻、冰雹等。徐州地处古淮河的支流沂、沭、泗诸水下游，京杭大运河横贯南北，黄河故道斜穿东西单独成一个水系，以北形成沂、沭、泗水系和以南形成濉、安河水系。大小河流 54 条，纵横交错，湖沼、水库星罗棋布。

8.1.2.3　土地及土壤特点

1．青岛

青岛共有土壤 82.55 万 hm²，占土地总面积的 74.35%，其中耕地 49.88 万 hm²，林地 13.53 万 hm²，荒地 7.22 万 hm²。土壤的主导成土方向为淋溶型的棕壤地带类型，称棕色森林土，主要有 8 大主要土类，其中最主要的有 5 类，即棕壤（59.8%）、砂姜黑土（21.42%）、潮土（17.55%）、褐土（0.77%）和盐土（0.44%），亚类 16 个，土属 29 个，土种 51 个。棕壤主要分布在山地丘陵及山前平原，砂姜土黑土主要分布在浅平洼地，潮土主要分布在沿河平地，褐土零星分布在石灰岩残丘中上部，盐土分布于各滨海低地和滨海滩地。

2．徐州

徐州共有土壤 82.5 万 hm²，占土地总面积的 73.3%，土壤类型及分布较为复杂，由于地形变化、成土母质和水文特征等因素影响而差异较大。土壤类型有潮土（79.55%）、褐土（9.39%）、砂礓黑土（6%）、棕壤（4.11%）、紫色土（0.52）、水稻土（0.47%）六大类，以潮土为主，共亚类 14 个，土属 36 个，土种 99 个。潮土广泛分布于河流冲积平原，褐土主要分布于石灰岩丘陵区，砂礓黑土主要分布于丘陵岗岭之间及山前洼地，棕壤主要分布于岗岭区，紫色土主要分布在岗岭区丘陵区，水稻土主要分布于平原靠近水源部分。

8.1.2.4　自然植被概况

1．青岛

青岛地区隶属泛北极植物区中国—日本森林植物亚区华北地区，属暖温带落叶阔叶林区域—暖温带落叶阔叶林地带—暖温带南部落叶栎林亚地带—胶东丘陵栽培植被、赤松麻栎林区，自然植被为落叶阔叶林，地理区系成分多样，主要以华北区系成分为主，植物区系成分存在更多的喜暖祖先。共有植物种类 152 科 654 属 1237 种（含变种），其中 30 种以上的科有：菊科、蔷薇科、豆科、禾本科、唇形花科、百合科、莎草科等。由于农业历史悠久和人类长期的经济活动、自然灾害等影响，除少数次生自然植被外，均为栽培植被，外来植物主要来自北美、欧洲、日本及国内各地 200 余种。

2．徐州

徐州地区隶属泛北极植物区中国—日本森林植物亚区华北地区，植物区系以北温带、泛热带、东亚和东亚—北美成分为主体，成分较为复杂，温带分布类型占优势，徐州市地带性森林植被类型为落叶阔叶林，由于历史上人类长期的垦殖和战乱破坏，原始植被已不复存在，除丘岗局部仍残留有小面积的次生落叶阔叶杂木林，均为人工栽培植被。共有种子植物 130 科 486 属 850 种（含变种），其中种类较多的优势科依次为菊科、禾本科、豆科、蔷薇科、莎草科、十字花科、百合科、唇形科、石竹科、玄参科、蓼科、毛茛科、榆科和伞形科。

8.1.3 青岛、徐州社会经济与历史人文概况

8.1.3.1 社会经济

1．青岛

青岛拥有国际性海港和区域性枢纽空港，全国首批沿海开放城市，在改革开放中实现了经济的实质性飞跃，是我国最具经济活力的城市之一。政府工作效率突出，基础设施完善，高校聚集，经济发展迅速。青岛已拥有电子通信、信息家电等六大支柱产业，很多本土品牌为中国著名企业，还有全球著名的青岛啤酒已经创造了百年历史，青岛经济技术开发区也是我国首批国家级开发区。据统计，2017 年全市生产总值（GDP）11037.28 亿元，按可比价格计算，增长 7.5%，人均 GDP 达到 119357 元。城市经济平稳发展，社会和谐稳定。

2．徐州

徐州是淮海经济区中心城市之一，经济社会持续发展，是中国重要的煤炭产地、典型的矿业城市、华东地区的电力基地，还是全国重要的综合性交通枢纽，已基本形成了机械、建材、化工、食品四大支柱产业。市域内基础设施完善，整体教育实力雄厚，招商引资环境优越，人民生活水平不断提高。正由以单纯的工业、农业为主的城市向综合性的中心城市发展。据统计，2017 年，全市实现地区生产总值（GDP）6605.95 亿元，按可比价计算，比上年增长 7.7%，人均 GDP75611 元。城市经济总体平稳，稳中有增。

8.1.3.2 历史文化

1．青岛

青岛 5000 多年前就孕育了灿烂的原始文明，从大汶口文化、龙山文化、岳

石文化到商州文化，展示了青岛丰富的文化进程与内涵。秦汉时期秦始皇组织了中国大规模航海活动，为青岛乃至中国的海洋文化做出了巨大贡献。中国近现代发展重大事件五四运动等也与青岛紧密相连，曾被德国与日本侵占成为其殖民地，对青岛建筑、市政设施和近代园林的建设与发展产生了一定影响。青岛地区是东夷族发祥地，有着独特的风尚习俗，与中原文化融合，兼收并蓄外来文化，内涵更为丰富。人文景观丰富，包括历史古迹、古典园林、宗教景观、历史建筑等。

2．徐州

徐州是我国历史文化名城，有 6000 年灿烂文化和 2500 多年建成史，有着丰厚的战争文化。徐州是汉高祖刘邦的故乡，汉王朝发祥地，文化底蕴深厚，历史胜迹繁多，文物古迹众多，汉代文物"三绝"—汉墓、汉俑、汉画像是两汉历史文化的代表。自古人文荟萃，涌现出许多学者作家和文学艺术作品。徐州还是"曲艺之乡"，徐州剪纸是世界非物质文化遗产，国际级非物质文化遗产还有江苏柳琴、徐州梆子、徐州琴书、徐州香包、徐州鼓吹乐、邳州跑竹马、邳州纸塑狮子头、丰县糖人。地处苏鲁豫皖四省交界的徐州，民俗文化多样。

8.1.3.3　旅游资源

1．青岛

青岛是首批中国优秀旅游城市，国家历史文化名城，重点历史风貌保护城市。依山傍海，素有"神仙窟宅""灵异之府"之城的海上名山—崂山及著名历史遗迹琅琊台和即墨古城等名胜都在此地，崂山风景名胜区和青岛海滨风景区为国家级风景名胜，国家级自然保护区 1 处，即墨马山石林。青岛既有海滨名胜、园林花苑，又有著名建筑、名人故居，加之得天独厚的气候环境，使之成为著名的旅游度假观光避暑胜地。

2．徐州

徐州既有优美的自然风光，又有丰厚的历史古迹，与现代化城市风貌交相辉映，形成了南秀北雄的城市风格，以两汉文化、名仕文化、宗教文化等内容为一体。拥有云龙湖旅游集聚区和贾汪旅游集聚区两大集聚区，以两汉文化景点最具代表性。徐州汉文化景区、龟山汉墓、汉画像石艺术馆等展示了楚韵汉风。云龙湖风景区、黄河故道风景区、蟠桃佛教文化景区、大洞山景区等展示了徐州山水特色。淮海战役纪念塔园林、戏马台、九里山古战场等是以战争文化为主的旅游景区，还有展示田园风光的新沂马陵山风景区等。

8.1.3.4 城市绿化

1．青岛

青岛城市园林绿化是随着城市建设逐步发展起来的，以山头公园为主体，滨海园林绿带、河道绿化、入城道路绿化形成网络，各类公园、居住区绿地、附属绿地分布其间，形成了较为丰富的城市绿化网。据 2017 年统计，全市共有各级自然保护区 7 处，总面积 673km^2。湿地保护区 4 处，总面积 118km^2。森林公园 22 处，总面积 248km^2。全市林木绿化率达到 40.02%。青岛还积极推进生态系列创建工作，黄岛区、城阳区获评"国家生态区"，即墨市、胶州市获"省级生态市"命名。持续开展植树增绿活动，栽植乔灌木 436 万株，地被 137.5hm^2。完成 71 条道路的绿篱建设 16.3 万延长米，完成海绵型绿地建设 57.95hm^2，新建、改建绿地面积 308hm^2。启动山头绿化整治 16 个，完成绿化面积 77.18hm^2。整治黄土裸露面积 186hm^2，完成立体绿化面积 2.4hm^2，有效增加城市绿量。青岛市市树为雪松，市花为山茶。

2．徐州

徐州是典型的"山包城，城包山"式城市格局，以山为骨架、河流道路为网络，以公园、街头绿地等为点缀，形成了一区（云龙风景名胜区）、一环（三环路绿地）、二带（运河与故黄河绿带）、三片（九里山、拖龙山山林绿地、杨山）、四线（向四周辐射的城市出入口道路绿化）、多点（中心区街头绿地与广场绿地）的格局。据 2017 年统计，徐州市区建成公园绿地 2761hm^2，建成 5000m^2 以上公园绿地 182 个，其中城区 300 亩以上大型开放式园林超过 30 个。255km^2 建成区绿地率提高到 40.45%、人均公园绿地面积达到 15.7m^2、5000m^2 以上公园绿地 500m 服务半径覆盖率达到 90.8%，城市绿化覆盖率稳居全省第二位。徐州市市树为银杏，市花为紫薇。

8.2 研究方法

8.2.1 样地选择

本研究调查范围为青岛与徐州城市园林绿地，选取城市中不同年代、不同地理位置、不同功能类型和大小的园林绿地（见表 8-1、图 8-2），调查其中典型植物群落共计 60 个，其中青岛市 30 个，徐州市 30 个，基本能反映整个城市园林植物群落概况。

表 8-1　　　　　　　　　　青岛、徐州城市园林概况

绿地分类			名称	面积（hm²）	建设年代
青岛	公园绿地	专类公园	风景名胜公园	栈桥公园	0.17	1923 年
				小青岛公园	1.2	1932 年
			纪念性公园	百花苑	8.25	1984 年
				青岛山公园	20.8	1985 年
		综合公园	全市性公园	中山公园	104	1901 年
			区域性公园	榉林公园	18	1984 年
				李沧文化公园	17.46	1982 年
				唐岛湾滨海公园	24	2001 年
		带状公园		鲁迅公园	4	1929 年
		街旁绿地		八大关绿地	67	20 世纪初
	附属绿地	公共设施绿地		青岛水族馆	0.7	1932 年
徐州	公园绿地	专类公园	风景名胜公园	珠山公园	44	2011 年
			纪念性公园	彭祖园	36	1976 年
		综合公园	全市性公园	云龙公园	31	1958 年
			区域性公园	快哉亭公园	4.7	1989 年
				奎山公园	10.88	1962 年
		带状公园		滨湖公园	53.3	1999 年
	附属绿地	道路广场绿地		东坡养生广场	1.6	2011 年

8.2.2　调查方法

在群落的调查中，以道路等具有明确边界的植物群落作为一个样地进行调查。对每个样地的公园名称、群落位置、时间、天气、生境条件和样地面积进行详细记录，并记录群落中植物种类、数量、高度、冠幅、胸径、生长势等情况，进行群落平面图的绘制，多角度拍摄群落照片。乔木层和灌木层植物以是否有明显主干区分。植物群落调查表详见附录 A。

8.2.3　植物群落数量特征及统计方法

1. 频度

频度是某个物种在调查范围内出现的频率，计算公式为

$$频度 = \frac{某树种出现的样方数}{全部样方数} \times 100\%$$

2．高度

树木自然生长的高度，即树冠顶端到树干靠近地表处长度，单位为 m，保留一位小数。

3．冠幅

冠幅（P）是植物树冠垂直投影直径的平均值，单位为 m，保留一位小数。

4．胸径

乔木胸径为树高 1.3m 处树干直径，单位为 cm，保留一位小数；灌木藤本一般测基径，指主干靠近地表面处直径。

5．多度

某种植物全部个体数的比率。

6．重要值

在一个群落中，个体数量大、投影盖度大、体积大、生物量高且生活能力强的个体，并对其结构和群落环境起主要作用的植物是优势种，重要值表示某个种在整个群落中的地位和作用的综合数量指标。最早是美国的柯蒂斯（J. T. Curtis）和麦金托什（R. P. McIntosh）1915 年在威斯康新州研究森林群落时使用的，多用在自然植物群落中。综合考虑城市植物群落特点，本研究以相对频度、相对高度和相对冠幅来计算重要值，即

乔木：重要值（%）＝（相对多度＋相对频度＋相对盖度）/3×100%

灌木：重要值（%）＝（相对频度＋相对冠幅）/2×100%

式中：相对频度＝某物种的频度 / 所有物种的频度之和 ×100%

相对多度＝某物种的多度 / 所有物种的多度之和 ×100%

相对冠幅＝某物种的冠幅 / 所有物种的冠幅之和 ×100%

7．物种多样性

物种多样性通常从两方面来衡量：一是种的数目或丰富度；二是种的均匀度。常用的群落内生物多样性指数为

辛普森多样性指数（Simpson）：$D = 1 - \sum\limits_{i=1}^{S} (P_i)^2$

香农—威纳指数（Shannon-Wienner）：$H = -\sum\limits_{i=1}^{S} P_i \ln P_i$

其中： $$P_i = n_i/N$$

Pielou 均匀度指数： $$J = \frac{H}{\ln S}$$

式中：S 为群落中物种数目，种 i 的个体数占群落中总个体数的比例为 P_i。n_i 为第 i 个种的个体数；N 为群落中所有种的个体数。

8.3 调查结果与分析

8.3.1 物种组成

8.3.1.1 科属、分布型分析

根据调查结果统计（见表 8-2 和附录 H、附录 I），青岛市群落中共有种子植物 133 种（包括种以下级别），隶属 46 科 87 属，其中乡土树种 61 种，占总树种数的 45.86%。按科属和分布型归类，青岛调查园林植物主要分布在蔷薇科 11 属 20 种、木犀科 6 属 10 种、豆科 6 属 7 种、忍冬科 6 属 6 种、松科 4 属 8 种、柏科 2 属 8 种，主要以世界分布和温带性科为主。蔷薇科、木犀科、豆科、忍冬科、松科、柏科、槭树科 7 个科占科总数的 15.22%，共有植物 65 种，占总数的 50.98%。出现频度最高的乔木依次为黑松、雪松、朴树，数量最多的依次为黑松、刺槐、朴树；灌木频率最高的依次为大叶黄杨、紫叶小檗、连翘。

徐州市群落中共有种子植物 153 种（包括种以下级别），隶属 60 科 112 属，其中乡土树种 76 种，占总树种数的 49.67%。按科属和分布型归类，徐州调查园林植物主要分布在蔷薇科 15 属 25 种、木犀科 7 属 11 种、豆科 5 属 5 种、禾本科 4 属 5 种、百合科 4 属 4 种、忍冬科 3 属 5 种、槭树科 2 属 5 种，主要以世界分布和温带性科为主。蔷薇科、木犀科、豆科、禾本科、百合科、忍冬科、槭树科 7 个科占科总数的 11.67%，共有植物 62 种，占总数的 40.52%。出现频度最高的乔木依次为女贞、桂花、鸡爪槭，数量最多的依次为桂花、鸡爪槭、女贞；灌木频率最高的依次为红叶石楠、海桐、红花檵木。

由此可见，同处南暖温带的青岛与徐州主要科均有蔷薇科、木犀科、豆科、忍冬科、槭树科，其中蔷薇科作为北半球温带分布最广的科，优势明显，在两地均超过了 20 种。两地都较为重视本土园林植物，乡土植物比例均在 45% 以上，

对引种驯化也较为重视，徐州较青岛高了约3%，这与青岛曾为殖民地也有一定关系，殖民国家为青岛引进了大量的植物，经长期驯化已适应当地条件并广泛栽植。两城市温带性科优势明显，主要与两地均处南暖温带地区有关，热带、亚热带成分较为丰富，反映了该区系的过渡性特点，主要是因为两地处温带向亚热带过渡区。

表 8-2   青岛、徐州城市园林植物科分布型比较

序号	科名	区系分布	青岛种数	徐州种数
1	蔷薇科	世界分布、北温带多	20	25
2	木犀科	热带、温带	10	11
3	松科	世界分布	8	6
4	柏科	世界分布	8	5
5	豆科	世界分布	7	5
6	忍冬科	北温带—热带	6	5
7	槭树科	北温带	6	5
8	木兰科	热带—亚热带—温带	5	4
9	榆科	热带—温带	5	4
10	百合科	世界分布，温带—亚热带为主	4	4
11	壳斗科	世界分布	4	4
12	黄杨科	热带、温带	4	3
13	小檗科	亚热带—北温带	3	3
14	卫矛科	热带—亚热带—温带	3	3
15	山茱萸科	热带—温带	3	3
16	卫矛科	热带—亚热带—温带	0	3
17	黄杨科	热带、温带	0	3
18	冬青科	世界分布	0	3

8.3.1.2 重要值分析

表 8-3 为青岛城市园林乔木树种重要值及排序，其中青岛乔木树种重要值排序前十位为：黑松（19.160）>刺槐（7.662）>朴树（7.114）>雪松（5.982）>龙柏（4.503）>垂柳（4.139）>日本晚樱（3.993）>水杉（3.885）>紫薇（3.413）>日本樱花（3.398），重要值大于 2 的有 11 种。表 8-4 为徐州城市园林乔木树种重要值及排序，其中徐州乔木树种重要值排序前十位为：桂花（9.460）>女贞

功能导向的节约型园林植物景观设计

（9.197）＞鸡爪槭（7.026）＞石楠（6.057）＞水杉（6.028）＞毛白杨（5.908）＞香樟（3.522）＞石榴（3.513）＞日本晚樱（3.133）＞悬铃木（2.808），重要值大于2的有14种。青岛重要值较高乔木以乡土、落叶树种为主，最高的黑松和刺槐虽为外来引种树种，但在青岛市栽培已久，已适应当地气候环境，生长良好。黑松为著名的海岸绿化树种，具有较为明显的地带性特征；重要值最高的落叶树种为刺槐，青岛是国内第一个种植刺槐的城市；青岛市市树雪松重要值也较高，为5.982。徐州外来、落叶树种比例略高，最高的桂花和女贞也是外来引种树种，其市树银杏重要值为1.325，应用频率较低。青岛、徐州重要值最高的树种均为常绿树种。

表8-3　　　　　　　　青岛城市园林乔木树种的重要值及排序

树种	重要值（%）	树种	重要值（%）	树种	重要值（%）	树种	重要值（%）
黑松	19.160	桃	1.281	桧柏	0.676	女贞	0.697
刺槐	7.662	国槐	1.231	杜仲	0.622	光叶榉	0.279
朴树	7.114	柏木	1.136	白玉兰	0.598	毛白杨	0.267
雪松	5.982	黄连木	1.132	银杏	0.592	喜树	0.252
龙柏	4.503	龙爪槐	1.131	五角槭	0.531	柘树	0.243
垂柳	4.139	榉树	1.086	木瓜	0.530	棕榈	0.240
日本晚樱	3.993	榆树	1.073	槲栎	0.517	白皮松	0.235
水杉	3.885	望春玉兰	1.049	日本五针松	0.500	流苏树	0.232
紫薇	3.413	麻栎	1.032	灯台树	0.494	金钱松	0.229
日本樱花	3.398	二乔玉兰	0.928	日本云杉	0.482	山皂荚	0.229
悬铃木	2.298	樱桃	0.903	珊瑚树	0.449	垂丝海棠	0.223
紫叶李	1.690	元宝槭	0.841	华山松	0.415	圆柏	0.212
鸡爪槭	1.682	臭椿	0.745	蒙古栎	0.370	刺楸	0.204
榔榆	1.539	黄山栾树	0.740	红枫	0.362	刚松	0.202
碧桃	1.538	苦楝	0.734	广玉兰	0.330		
杉木	1.398	短柄枹栎	0.706	三角枫	0.282		

表8-4　　　　　　　　徐州城市园林乔木树种的重要值及排序

树种	重要值（%）	树种	重要值（%）	树种	重要值（%）	树种	重要值（%）
桂花	9.460	梅花	1.663	杏	0.669	大青杨	0.301
女贞	9.197	侧柏	1.510	白蜡	0.613	无患子	0.301
鸡爪槭	7.026	旱柳	1.461	五针松	0.593	枣树	0.301

续表

树种	重要值（%）	树种	重要值（%）	树种	重要值（%）	树种	重要值（%）
石楠	6.057	杜梨	1.367	山楂	0.587	黄山栾树	0.286
水杉	6.028	榉树	1.329	垂丝海棠	0.551	元宝枫	0.286
毛白杨	5.908	银杏	1.325	黄连木	0.547	广玉兰	0.272
香樟	3.522	黑松	1.248	重阳木	0.543	合欢	0.269
石榴	3.513	红枫	1.212	刺槐	0.499	殷桃	0.265
日本晚樱	3.133	三角枫	1.152	蜀桧	0.459	榆树	0.265
悬铃木	2.808	棕榈	0.948	白玉兰	0.433	龙爪槐	0.257
雪松	2.663	日本樱花	0.921	泡桐	0.422	枇杷	0.257
朴树	2.626	白皮松	0.836	楝木	0.345	杏梅	0.250
紫叶李	2.538	柿树	0.833	乌桕	0.345	海棠	0.246
紫薇	2.174	圆柏	0.806	木瓜	0.343	罗汉松	0.246
木绣球	1.925	夹竹桃	0.742	日本五针松	0.334	桃树	0.243
蜡梅	1.737	苹果	0.675	国槐	0.330		

表 8-5 为青岛城市园林灌木树种的重要值及排序，其中青岛灌木树种重要值前十位为：大叶黄杨（11.816）＞红叶石楠（8.660）＞铺地龙柏（7.732）＞连翘（7.553）＞紫叶小檗（6.847）＞紫荆（4.933）＞金叶女贞（4.206）＞海桐（3.855）＞山茶（3.732）＞溲疏（3.650），重要值大于 3 的有 10 种。表 8-6 为徐州城市园林灌木树种重要值及排序，其中徐州灌木树种重要值前十位为：红叶石楠（18.423）＞金森女贞（9.281）＞海桐（8.112）＞金边大叶黄杨（8.097）＞红花檵木（6.238）＞八角金盘（6.215）＞洒金东瀛珊瑚（4.226）＞连翘（3.738）＞小叶女贞（3.730）＞大叶黄杨（3.181），重要值大于 3 的有 10 种，占据了下层主导地位。连翘、大叶黄杨和红叶石楠在两地重要值均较高，青岛、徐州重要值较高灌木树种以外来、常绿树种为主，重要值最高的落叶灌木均为连翘。

表 8-5　　　　　　**青岛城市园林灌木树种的重要值及排序**

树种	重要值	树种	重要值	树种	重要值	树种	重要值
大叶黄杨	11.816	千首兰	1.917	球柏	0.546	铅笔柏	0.352
红叶石楠	8.660	迎春	1.547	铺地柏	0.516	金心大叶黄杨	0.350
铺地龙柏	7.732	小蜡	1.461	木绣球	0.486	枸骨	0.347
连翘	7.553	贴梗海棠	1.364	文冠果	0.464	瓜子黄杨	0.341

树种	重要值	树种	重要值	树种	重要值	树种	重要值
紫叶小檗	6.847	锦鸡儿	1.357	洒金东瀛珊瑚	0.451	南天竹	0.337
紫荆	4.933	黄刺玫	1.070	白鹃梅	0.439	石榴	0.327
金叶女贞	4.206	月季	1.051	扁担木	0.427	蚊母树	0.322
海桐	3.855	辽东水蜡	0.927	日本木瓜	0.412	棣棠	0.315
山茶	3.732	栀子	0.746	石岩杜鹃	0.412	枳	0.315
溲疏	3.650	雀舌黄杨	0.739	花叶女贞	0.399	荚蒾	0.312
火棘	2.996	小叶黄杨	0.714	牡丹	0.389	八仙花	0.310
石楠	2.988	木槿	0.699	平枝栒子	0.382	阔叶十大功劳	0.303
红瑞木	2.497	紫丁香	0.670	紫玉兰	0.377	水蜡	0.295
龟甲冬青	2.448	榆叶梅	0.645	锦带花	0.352	金银木	0.267

表 8-6　　　　　　　　　　徐州城市园林灌木树种的重要值及排序

树种	重要值（%）	树种	重要值（%）	树种	重要值（%）	树种	重要值（%）
红叶石楠	18.423	杜鹃	1.602	剑麻	0.543	卫矛	0.269
金森女贞	9.281	绣线菊	1.585	六月雪	0.526	红瑞木	0.265
海桐	8.112	棣棠	1.421	银姬小蜡	0.526	黄刺玫	0.265
金边大叶黄杨	8.097	木槿	1.293	杞柳	0.520	美国香柏	0.262
红花檵木	6.238	紫荆	1.209	结香	0.503	花叶女贞	0.251
八角金盘	6.215	迎春	1.112	小丑火棘	0.456	银边大叶黄杨	0.240
洒金东瀛珊瑚	4.226	枸骨	1.016	水果蓝	0.450	火棘	0.234
连翘	3.738	琼花	0.825	大花六道木	0.448	瓜子黄杨	0.231
小叶女贞	3.730	贴梗海棠	0.800	无刺枸骨	0.448	马甲子	0.230
大叶黄杨	3.181	黄杨	0.689	木芙蓉	0.369	亮叶忍冬	0.228
南天竹	2.748	剑兰	0.687	金丝桃	0.334	枸杞	0.225
小蜡	2.128	牡丹	0.637	阔叶十大功劳	0.295	栀子花	0.217
迎夏	1.849	珍珠梅	0.550	龟甲冬青	0.272		

8.3.1.3 多样性分析

如图 8-1 所示，徐州市植物群落多样性指数、均匀度指数为乔木层＞灌木层，但较为相近，上层和中层丰富度差异不大；青岛市植物群落多样性指数、均匀度指数为灌木层＞乔木层，灌木层丰富度略高于乔木层。

徐州市较青岛市乔木层更加丰富，均匀度也更高，灌木层则为青岛市更加丰富，均匀度也更高，多样性指数与均匀度指数呈正相关。城市园林植物群落中的乔木、灌木大多是人工栽培的，人为配置其种类和数量，因此配置均较为均匀。

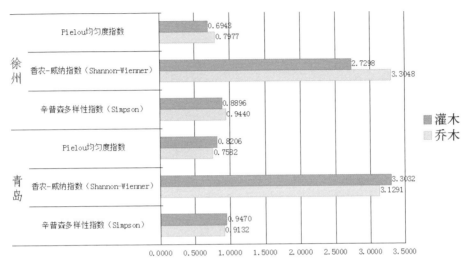

图 8-1　青岛、徐州城市园林物种多样性比较

8.3.2　群落结构

8.3.2.1　水平结构

群落的水平结构是指群落在水平空间上的配置状况和格局，基本可以划分为两大类型：纯林式群落和混交式群落。纯林式群落以单一树种构建植物群落，混交式群落乔木层以两种或两种以上树种构建植物群落。

在调查的青岛市 30 个植物群落中，多以混交式群落为主，共计 28 个，纯林式群落 2 个。纯林式群落出现在栈桥公园和鲁迅公园内，均为以黑松为单一乔木成片栽植的滨水公园植物群落，物种多样性较低，但形成了较有滨海特色的植物景观，纯林式群落更易于形成具有特色的景观效果。混交式群落分布于调查的各公园绿地和附属绿地中。徐州 30 个植物群落全部为混交式群落。

8.3.2.2　垂直结构

植物群落学研究中，生活型是植物在对环境条件的适应后，其结构、生理、外部形态上的具体反映，本研究将生活型划分为乔、灌、草、藤、竹 5 种类型。

在调查的青岛市植物群落中（见图 8-2），乔木种类最多，灌木次之，乔灌木比例为 1：0.9032，草本、藤本种类较少，许多群落土壤裸露，无植物覆盖，青岛市草本植物在城市园林植物群落设计中还有很大潜力；徐州市植物群落中，乔木种类最多，灌木次之，乔灌木比例为 1：0.8095，竹类最少，但相比青岛 6 种草本植物种类十分丰富，达到了 31 种，下层植物景观更加丰富。

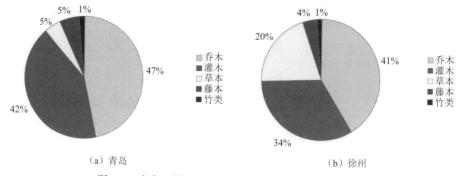

（a）青岛   （b）徐州

图 8-2 青岛、徐州城市园林植物群落生活型比较

群落的垂直结构是指群落垂直方向上的分层现象，基本可以划分为两大类型：单层式群落和复层式群落。在调查的青岛市 30 个植物群落中（见图 8-3），按垂直结构分类可分为乔木型、乔—灌型、乔—灌—草型，仅出现 1 个单层式群落即乔木型。复层式群落中，乔—灌—草型 15 个，乔—灌型 14 个，出现频率基本相同。徐州市 30 个植物群落中，乔—灌—草型 26 个，出现频率最高，为 87%，乔—灌型 4 个。青岛与徐州植物群落配置模式以复层式模式为主，复层式群落结构更加完善，郁闭度也更高，垂直方向层次更加丰富，具有更好的景观效果和生态效益。

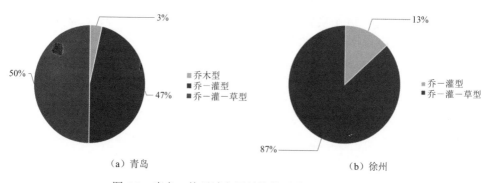

（a）青岛   （b）徐州

图 8-3 青岛、徐州城市园林植物群落垂直结构类型

8.3.3 空间布局

空间是由地平面、顶平面、垂直面单独或共同组成的，产生了实在或暗示性的范围。园林空间的构成需要植物、建筑、地形、水体等多种要素，植物作为主要要素在构建具有空间感的植物群落时，常常离不开其他要素。按植物群落通过植物材料形成的空间形态分类，通常分为开敞空间、半开敞空间、覆盖空间、封闭空间、垂直空间等，从游憩空间角度又可分为可进入空间、不可进入空间和消极可进入空间。本研究主要从空间形态对调查群落进行分类分析。

根据青岛与徐州调查实际情况（见图 8-4），植物群落可分为开敞空间、半开敞空间、封闭空间和覆盖空间，其中覆盖空间与其他三种空间类型相结合，构成了更加丰富的空间类型（见表 8-7）。青岛市 30 个调查群落中，共计开敞空间 4 个（其中开敞覆盖空间 2 个）、半开敞空间 20 个（其中半开敞覆盖空间 9 个）、封闭空间 6 个（其中封闭覆盖空间 3 个），覆盖空间占 46.7%。徐州 30 个调查群落中，共计开敞空间 4 个、半开敞空间 23 个（其中半开敞覆盖空间 7 个）、封闭空间 3 个（其中封闭覆盖空间 1 个），覆盖空间占 26.7%。

半开敞空间因其层次丰富、能够为人们提供游憩活动空间，同时具有一定的私密性，在青岛与徐州城市园林中运用最多。调查中半开敞空间主要有两种类型，一种是空间的一面植物层次多、较为密集，阻挡了视线，在空间的另一面为水面或草坪，形成了单方向的开敞；另一种是空间的四周较为均匀地分布了植物，视线部分被阻挡，人们可以通过稀疏的枝叶看到远方。覆盖空间在青岛与徐州城市园林中也运用较多，其形成的林下空间为人们提供了行走与活动空间，夏季也具有非常好的遮荫效果。

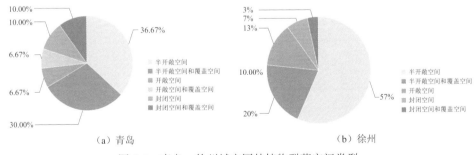

（a）青岛　　　　　　　　　　　　　　（b）徐州

图 8-4　青岛、徐州城市园林植物群落空间类型

功能导向的节约型园林植物景观设计

表 8-7　　　　　　　青岛、徐州城市园林群落空间类型示意及描述

空间类型	示意图	描述
开敞空间	草坪 A 花坛 广场 草坪 B	主要分为 A 草坪开敞空间和 B 花坛广场开敞空间。 A：一般用低矮灌木花卉、地被植物，与草坪形成开敞空间，可适当点缀乔木，视线通透，外向，使人心胸开阔。 B：广场内部或外围花坛栽植低矮花灌木、地被植物，广场周边为草坪空间，适当栽植乔木和低矮花灌木及地被植物，视线通透，外向，使人心胸开阔
半开敞空间	A 水面或草坪 B	不完全开敞，有部分视线被植物阻挡，借助园路、建筑、地形、景石、溪流，与植物结合，层次感强，体验性丰富，容易激发游人兴趣。 A：四周均有植物，视线不完全封闭。 B：单面植物形成封闭面，视线封闭，单面开敞
封闭空间	广场	空间封闭，空间边缘用植物材料围合，视线不通透，视距短，内向，容易让人产生安全感和亲切感，私密性较强，营造较为宁静的氛围
覆盖空间	冠下空间	通过树冠大、分支点高的植物来营造冠下空间，形成覆盖空间，乔木冠幅几乎覆盖整个平面，有一定隐蔽性和私密性，垂直方向视线不通透，较内向

92

8.3.4 季相变化

8.3.4.1 常绿落叶、针阔叶群落比较

青岛和徐州均以落叶树种为主，常绿树种冬季常常成为北方园林绿地的焦点，落叶树种在不同的季节呈现出不同的姿态，有较为明显的四季差异，景观效果更加丰富妙趣。春夏植物枝叶茂盛，枝条交织成网，叶片相互重叠，空间围合感也较强；秋冬落叶，枝条叶子稀疏，视线穿透性增强，空间围合感也减弱。通过表 8-8、表 8-9 可知，青岛调查群落中常绿树种与落叶树种物种数比为 1∶1.5098，落叶树种占 57.89%，阔叶与针叶树种比为 1∶0.1565。徐州调查群落中常绿树种与落叶树种物种数比为 1∶1.3016，落叶树种占 53.59%，阔叶与针叶树种比为 1∶0.0699。地带性树种以外的常绿阔叶树种和针叶树种丰富了两地植物群落的物种多样性、季相景观，也促进了群落的稳定。

表 8-8　　　　　　青岛、徐州城市园林阔叶针叶树种统计

统计类型	植物类型	青岛	徐州
阔叶针叶树种统计	阔叶树种数（比例）	115（86.47%）	143（93.46%）
	针叶树种数（比例）	18（13.53%）	10（6.54%）
	总计	133	153

表 8-9　　　　　　青岛、徐州城市园林常绿落叶树种

统计类型	植物类型	青岛	徐州
常绿落叶树种统计	常绿树种数（比例）	51（38.35%）	63（41.18%）
	落叶树种数（比例）	77（57.89%）	82（53.59%）
	半常绿树种数（比例）	5（3.76%）	8（5.23%）
	总计	133	153

8.3.4.2 群落类型

如图 8-5 所示，在青岛调研的 30 个群落中，共有针阔混交型 24 个，常绿针叶型 4 个，落叶阔叶型 2 个。其中针阔混交型比例最高，达到了 80%，其组成成分是以雪松、黑松、龙柏为代表的针叶树种和以朴树、刺槐为主的阔叶树种。日

本樱花、日本晚樱、垂柳等也在群落构成中起到了重要的作用。针阔混交型群落林冠线更加起伏而有变化，季相效果丰富多变。比例最少的落叶阔叶型群落在植物落叶后，景观效果较为单调，主要以观赏枝干为主。

徐州 30 个群落中，常绿落叶阔叶混交型 17 个，针阔混交型 12 个，常绿针叶型 1 个。其中常绿落叶阔叶型比例最高，达到了 57%，其组成成分是以桂花、女贞、石楠、香樟为代表的常绿阔叶树种和以鸡爪槭、朴树为主的落叶阔叶树种。蜡梅、紫叶李、旱柳、木绣球等也在群落构成中起到了重要作用。比例最少的常绿针叶型群落，一年四季景观无变化，较为单调。

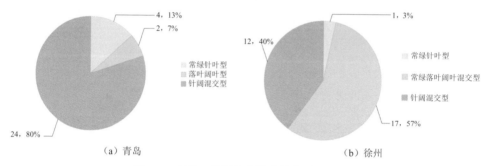

图 8-5 青岛、徐州城市园林植物群落类型

青岛、徐州地处南暖温带，是温带和亚热带的过渡地带，群落类型多样，不同类型的植物群落具有季相变化不同（见表 8-10）。过渡性植被类型针阔混交型、常绿落叶阔叶混交型在植物群落构成上占了很大比例，地带性植被类型落叶阔叶型不占优势，说明植物群落的构建不能仅考虑地带性植被特点，还必须服务于城市所处的环境和其功能要求。

表 8-10   青岛、徐州城市园林不同类型植物群落季相变化示意

群落类型	春—夏景观效果示意图	秋—冬景观效果示意图
常绿针叶型		
落叶阔叶型		

群落类型		春—夏景观效果示意图	秋—冬景观效果示意图
针阔混交型	常绿针叶树种＋常绿阔叶树种		
	落叶针叶树种＋落叶阔叶树种		
	常绿针叶树种＋落叶阔叶树种		
	常绿阔叶树种＋落叶针叶树种		
	常绿落叶针叶树种＋常绿落叶阔叶树种		
常绿落叶阔叶型			

8.3.4.3 不同观赏部位季相变化

1. 观叶

园林植物的叶色是重要的观赏要素，即使叶色为绿色，也会有深浅、明暗的差异，有些植物叶春、秋变色，有些常年异色，还有些具有斑点、条纹，或是叶缘有异色镶边。青岛与徐州春色叶树种较为单调，秋色叶树种丰富，以红、黄色系为主，配以红色系与金色系的常色叶树种和彩叶灌木草本，叶色季相较为丰富（参见附录 J）。

青岛春色叶植物以红叶石楠和臭椿为代表，呈红色、紫红系；秋色叶植物以乔木为主，呈红色、黄色系，主要有悬铃木、黄连木、鸡爪槭、三角枫、水杉、元宝槭、黄山栾树、五角槭、蒙古栎、麻栎、短柄枹栎、槲栎、红瑞木、金钱松、银杏、南天竹、红叶石楠等；灌木色叶植物只有红瑞木和南天竹；常色叶植物有紫红色系的红枫、紫叶李、紫叶小檗，金黄叶的金叶女贞；彩叶植物均为灌木和草本，主要有洒金东瀛珊瑚、花叶女贞、金心大叶黄杨、羽衣甘蓝等。

徐州春色叶植物为红色的红叶石楠；秋色叶植物以红色、黄色系为主，乔木居多，主要有鸡爪槭、元宝槭、银杏、三角枫、黄山栾树、黄连木、无患子、水杉、悬铃木，灌木有南天竹、红瑞木、毛地黄钓钟柳；冬色叶植物有叶色变红的小丑火棘；常色叶植物有红枫、紫叶李、金森女贞、红花檵木；彩叶植物有洒金东瀛珊瑚、银姬小蜡、花叶女贞、花叶芦竹、花叶络石。

2．观花

花的色彩丰富艳丽，远远丰富于叶的颜色，观花一直是人们喜爱的休闲形式。青岛和徐州以春、夏观花为主，花色主要有红、黄、白、蓝紫四个色系。青岛上层观花植物占 38%，下层观花植物占 62%；徐州上层观花植物占 31%，下层观花植物占 69%，下层观花效果明显高于上层（参见附录 K）。

青岛春花植物有藤本月季、栀子、络石、流苏树、小蜡、日本木瓜、南天竹、海桐、石岩杜鹃、火棘、文冠果、贴梗海棠、黄连木、桃、碧桃、银杏、垂丝海棠、山茶、紫荆、樱桃、紫玉兰、蚊母树、羽衣甘蓝、连翘、二乔玉兰、白玉兰、望春玉兰、杜仲、月季、女贞、刺槐、锦带花、紫叶小檗、黄刺玫、日本晚樱、八仙花、紫丁香、锦鸡儿、榆叶梅、鸢尾、紫藤、日本樱花、紫叶李、木瓜等。夏花植物有木绣球、紫薇、红瑞木、千首兰、水蜡、迎春、扶芳藤、木槿、扁担木、石榴、荚蒾、溲疏等。秋花植物有木槿、刺楸、阔叶十大功劳、常春藤、藤本月季等。冬花植物有山茶、阔叶十大功劳。

徐州春花植物有白玉兰、梅花、杏梅、结香、杜仲、银杏、樱桃、黄连木、桃树、垂丝海棠、杏、红花檵木、连翘、紫荆、海桐、水果蓝、小丑火棘、贴梗海棠、火棘、南天竹、栀子、小蜡、花叶络石、木瓜、琼花、紫叶李、日本樱花、毛泡桐、日本晚樱、木绣球、杜鹃、八仙花、鸢尾、毛地黄钓钟柳、紫藤、羽衣甘蓝、二月兰、木香、刺槐、棣棠、黄刺玫、紫花地丁等。夏花植物有丛生福禄考、柿树、石榴、山楂、石竹、枣树、六月雪、五味子、金丝桃、马甲子、迎夏、大花金鸡菊、泽泻、合欢、楝木、红瑞木、火炬花、绣线菊、天人菊、大滨菊、睡莲、紫薇、月见草、枸杞、大花六道木、木槿等。秋花植物有大花六道木、枸杞、桂花、八宝景天、玉簪、亚菊、八角金盘、常春藤、木芙蓉、木槿等。冬花植物有大吴风草、梅花、杏梅、结香、阔叶十大功劳、剑麻等。常年开花的有夹竹桃。

3．观果

果实象征着丰收，是植物生长的自然规律。陆游诗中曾写"丹实累累照路隅"，果实在园林中具有极高的观赏价值。青岛和徐州主要以秋季观果为主，主要以红色系和紫黑色系为主（参见附录L）。青岛秋季主要有南天竹、栀子、紫叶小檗、火棘、阔叶十大功劳、日本木瓜、龟甲冬青、木瓜、海桐、金叶女贞等；徐州主要有南天竹、栀子、枸杞、小丑火棘、龟甲冬青、女贞、火棘、山楂、枣树、桃、木瓜、无刺枸骨、枸骨等。果期较长的植物有南天竹、栀子、月季、流苏树、蜡梅、枸杞等。

4．观干

植物的枝干观赏主要在冬季易受到人们的关注，青岛和徐州主要以落叶植物为主，落叶植物在落叶以后，其枝干形态可以具有很高的观赏价值。青岛主要观干植物有：树皮迷彩色的悬铃木、木瓜、紫薇；树皮灰白的白皮松、毛白杨；树皮红褐的榔榆；枝干红色的红瑞木；枝干虬曲的龙爪槐；苍劲有力的刺槐；飘逸的垂柳等；一些枝条还带有枝刺，如锦鸡儿、黄刺玫、藤本月季等。徐州主要观干植物也有悬铃木、紫薇、白皮松、刺槐、龙爪槐、除此之外，还有枝条柔软的旱柳、树皮灰白的无患子、树皮黄褐的白蜡、造型独特的罗汉松等。

青岛、徐州城市园林植物群落
节约度评价

9.1 评价对象

本研究对青岛与徐州城市园林植物群落调查的 60 个群落进行节约度评价，见表 9-1、表 9-2。

表 9-1 青岛植物群落样地概况

序号	样地	位置	序号	样地	位置
1	百花苑 1 号样地	路旁 （吴伯箫雕塑）	16	青岛水族馆 1 号样地	滨水平台
2	百花苑 2 号样地	路旁	17	小青岛公园 1 号样地	游客中心区
3	百花苑 3 号样地	路旁 （蒲松林雕塑）	18	小青岛公园 2 号样地	滨海步道
4	百花苑 4 号样地	雕塑广场	19	榉林公园 1 号样地	休憩平台
5	百花苑 5 号样地	溪石沿岸	20	榉林公园 2 号样地	健身平台
6	中山公园 1 号样地	健身广场	21	八大关绿地 1 号样地	韶关路、武胜关路街旁绿地
7	中山公园 2 号样地	樱花园	22	八大关绿地 2 号样地	紫荆关路、正阳关路街头游园
8	中山公园 3 号样地	樱花大道	23	八大关绿地 3 号样地	滨水绿地（含景亭）
9	中山公园 4 号样地	会前村遗址广场	24	八大关绿地 4 号样地	黄海路、居庸关路、紫荆关路 处休憩亭
10	中山公园 5 号样地	会前村遗址入口	25	青岛山公园 1 号样地	山顶休憩廊

续表

序号	样地	位置	序号	样地	位置
11	中山公园 6 号样地	玉兰大草坪	26	李沧文化公园 1 号样地	彩虹飘逸构筑物旁
12	中山公园 7 号样地	市花园	27	李沧文化公园 2 号样地	花溪草坪
13	栈桥公园 1 号样地	滨水广场	28	李沧文化公园 3 号样地	路旁
14	鲁迅公园 1 号样地	主入口	29	李沧文化公园 4 号样地	科技馆前滨水步道
15	鲁迅公园 2 号样地	滨海礁石沙滩	30	唐岛湾滨海公园 1 号样地	路旁

表 9-2   徐州植物群落样地概况

序号	样地	位置	序号	样地	位置
1	云龙公园 1 号样地	胡琴艺术博物馆入口广场	16	彭祖园 2 号样地	瀑布池北侧人造水景池旁
2	云龙公园 2 号样地	琴韵西北入口	17	彭祖园 3 号样地	路旁休闲广场
3	云龙公园 3 号样地	水边	18	彭祖园 4 号样地	路旁樱花木平台
4	云龙公园 4 号样地	牡丹亭旁	19	彭祖园 5 号样地	水旁
5	滨湖公园 1 号样地	主入口西侧	20	彭祖园 6 号样地	牡丹园路旁
6	滨湖公园 2 号样地	廊架南侧主路旁	21	东坡养生广场 1 号样地	入口广场中心
7	滨湖公园 3 号样地	体育馆南面，路旁亭东侧	22	东坡养生广场 2 号样地	书简小品旁
8	快哉亭公园 1 号样地	水边	23	珠山公园 1 号样地	沉水廊道间水中小岛
9	快哉亭公园 2 号样地	廊架	24	珠山公园 2 号样地	园路旁雪松大草坪
10	快哉亭公园 3 号样地	广场	25	珠山公园 3 号样地	山南侧
11	奎山公园 1 号样地	入口广场	26	珠山公园 4 号样地	山东侧园路旁
12	奎山公园 2 号样地	白玉兰广场	27	珠山公园 5 号样地	天师广场入口
13	奎山公园 3 号样地	主入口花镜小品	28	珠山公园 6 号样地	好人园湖滨
14	奎山公园 4 号样地	水边	29	珠山公园 7 号样地	钓鱼岛入口，游步道两边
15	彭祖园 1 号样地	西二门入口	30	珠山公园 8 号样地	水杉游步道东入口

9.2 评价方法

层次分析法（Analytic Hierarchy Process，AHP）是美国运筹学家托马斯·萨提（Thomas L. Saaty）于 20 世纪 70 年代首次提出的，是对多指标系统进行分析评价的一种层次化、系统化、条理化的分析方法。通过层次分析法，合理分析确定各指标权重，科学地建立城市园林植物群落节约度评价体系，应用该评价体系对青岛、徐州市城市园林植物群落进行评价。

9.3 评价体系的构建

9.3.1 意义与原则

9.3.1.1 意义

建立城市园林植物群落节约度评价体系，可以从节约度角度对城市园林中的植物群落进行客观全面的认识与评价，对群落的生态性、节约性、经济性等进行科学评估，为节约型城市园林植物群落的评价与构建、生态和景观的功能发挥提供有效依据。

9.3.1.2 原则

1．系统性与科学性

评价体系要全面、有层次地反映评价对象，各指标间层次分明、相互补充而不重复；要建立在科学的基础上，有规范的测定方法与统计方法。

2．因地制宜性

每个城市自然环境、社会经济与历史文化概况有所差异，应结合各个城市园林自身发展状况选择相应的评价指标，建立与之相适应的评价体系。

3．定性与定量相结合

植物群落评价涉及众多因素，且存在许多不能量化的因素，仅凭定性或定量指标不能对其进行全面的评价，应将定性与定量指标评价相结合。

9.3.2 评价因子与指标

根据青岛与徐州实地调查情况，参考文献资料及专家意见，在群落调查研究基础上，建立青岛、徐州城市园林植物群落节约度评价指标体系（见表9-3、表9-4、附录M）。

表 9-3　　　　　　青岛、徐州植物群落节约度评价体系

目标层（A）	准则层（B）	因子层（C）
城市园林植物群落节约度	生态性 B_1	物种丰富度 C_1
		物种多样性 C_2
		生长状况 C_3
	节水性 B_2	耐旱性 C_4
		用水量 C_5
	节地性 B_3	层次丰富度 C_6
		立体绿化 C_7
	经济性 B_4	乡土性 C_8
		养护成本 C_9

表 9-4　　　　　　青岛、徐州植物群落节约度评价指标及描述

因子层	指标描述
物种丰富度 C_1	群落中物种数目的多少
物种多样性 C_2	Shannon-Wienner 指数
生长状况 C_3	植物的生长势、健康状况及病虫害情况
耐旱性 C_4	植物适应干旱的程度和能力，对用水量的影响
用水量 C_5	单位绿化覆盖率，乔灌木比草坪用水量低，养护成本也低
层次丰富度 C_6	体现群落层次结构，影响群落稳定性和生态效益，对节水性也有一定体现
立体绿化 C_7	提高土地利用率，增加城市绿量
乡土性 C_8	体现适地适树原则，利于营造城市地域性特色，包括选用乡土树种，善于利用野生植被构建群落，对建设与养护成本也均有一定体现
养护成本 C_9	浇水、施肥、除草除虫等简繁程度及植物耐修剪程度

9.3.3　指标权重

9.3.3.1　构造判断矩阵

判断矩阵反映了各评价指标之间的相对重要性。本次评价用常见的 1～9 比例标度对重要程度进行判断（见表 9-5）。采用专家评分法，分别构建准则层 B 和因子层 C 判断矩阵（见表 9-6）。

101

功能导向的节约型园林植物景观设计

表 9-5　　　　　　　　　　　　　判断矩阵标度含义

重要性标度	含　义
1	表示两因素相比，同样重要
3	表示两因素相比，一个因素比另一个因素稍微重要
5	表示两因素相比，一个因素比另一个因素明显重要
7	表示两因素相比，一个因素比另一个因素强烈重要
9	表示两因素相比，一个因素比另一个因素极端重要
2，4，6，8	表示上述相邻判断的中间值

表 9-6　　　　　　　　　　　　　判断矩阵示例

评价要素	C_1 物种丰富度	C_2 物种多样性	C_3 生长状况
C_1 物种丰富度	1		
C_2 物种多样性	4（表示 C_2 与 C_1 相比介于稍微重要与明显重要之间）	1C	
C_3 生长状况	7（表示 C_3 与 C_1 相比强烈重要）	3（表示 C_3 与 C_2 相比稍微重要）	1

9.3.3.2　层次单排序

在判断矩阵的基础上，计算单一层次指标权重，计算步骤见表 9-7。

表 9-7　　　　　　　　　　　　单一层次指标权重计算步骤

序号	计算步骤
1	以准则层生态性为例，形成以下判断矩阵。 评价要素： C_1 物种丰富度 C_2 物种多样性 C_3 生长状况 C_1 物种丰富度： 1 $1/X_1$ $1/X_2$ C_2 物种多样性： X_1 1 $1/X_3$ C_3 生长状况： X_2 X_3 1 A 的矩阵为：$A = \begin{pmatrix} 1 & 1/X_1 & 1/X_2 \\ X_1 & 1 & 1/X_3 \\ X_2 & X_3 & 1 \end{pmatrix}$

续表

序号	计算步骤
2	利用方根计算得： $\overline{M_1} = \sqrt[3]{1 \times (1/X_1) \times (1/X_2)}$ $\overline{M_2} = \sqrt[3]{X_1 \times 1 \times (1/X_3)}$ $\overline{M_3} = \sqrt[3]{X_2 \times X_3 \times 1}$
3	进行归一化处理得： C_1分层权重 $= \dfrac{\overline{M_1}}{\sum\limits_{i=1}^{3} \overline{M_i}}$；$C_2$分层权重 $= \dfrac{\overline{M_2}}{\sum\limits_{i=1}^{3} \overline{M_i}}$；$C_3$分层权重 $= \dfrac{\overline{M_3}}{\sum\limits_{i=1}^{3} \overline{M_i}}$

9.3.3.3　一致性检验

为了检验判断矩阵是否具有令人满意的一致性，则需将 CI 与平均随机一致性指标（见表 9-8 ～表 9-10）进行比较。一般而言，1 阶或 2 阶判断矩阵总是具有完全一致性的。对于 2 阶以上的判断矩阵，其一致性指标 CI 与同阶的平均随机一致性指标 RI 之比，称为判断矩阵的随机一致性比例，记为 CR。一般地，当 $CR = CI/RI < 0.1$ 时，就认为判断矩阵具有令人满意的一致性；否则，就需进一步调整，直至满意为止。

表 9-8　　　　　　　　　　　　　　一致性指标 **RI**

n	1	2	3	4	5	6	7	8	9	10
RI	0.00	0.00	0.58	0.90	1.12	1.24	1.32	1.41	1.45	1.49

表 9-9　　　　　　　　　　　　判断矩阵一致性检验步骤

序号	检验步骤
1	计算特征根得： $A \cdot M = \begin{pmatrix} 1 & 1/X_1 & 1/X_2 \\ X_1 & 1 & 1/X_3 \\ X_2 & X_3 & 1 \end{pmatrix} \begin{pmatrix} \overline{M_1} \\ \overline{M_2} \\ \overline{M_3} \end{pmatrix} = \begin{pmatrix} Y_1 \\ Y_2 \\ Y_3 \end{pmatrix}$
2	计算 CI： $CI = \dfrac{\ddot{e}\max - n}{n-1}$，其中 CI 为一致性指标，$n$ 为矩阵阶数 $\ddot{e}\max = \left(\dfrac{Y_1}{3 \times \overline{M_1}} \right) + \left(\dfrac{Y_2}{3 \times \overline{M_2}} \right) + \left(\dfrac{Y_3}{3 \times \overline{M_3}} \right)$
3	$CR = \dfrac{CI}{RI}$，若 $CR < 0.1$，判断矩阵具有满意的一致性；$CR \geq 0.1$，需对其修改

功能导向的节约型园林植物景观设计

表 9-10（a）　　　　　　A—B 指标权重及一致性检验

评价要素	B₁ 生态性	B₂ 节水性	B₃ 节地性	B₄ 经济性	权重	一致性检验
B₁ 生态性	1	4	8	1	0.4162	$\lambda_{max} = 4.0604$
B₂ 节水性	1/4	1	4	1/4	0.1238	$CI = 0.0201$
B₃ 节地性	1/8	1/4	1	1/8	0.0438	$RI = 0.90$
B₄ 经济性	1	4	8	1	0.4162	$CR = 0.0224 < 0.10$

表 9-10（b）　　　　　　B1—C、指标权重及一致性检验

评价要素	C₁ 物种丰富度	C₂ 物种多样性	C₃ 生长状况	单层权重	一致性检验
C₁ 物种丰富度	1	1/4	1/7	0.0754	$\lambda_{max} = 3.0764$
C₂ 物种多样性	4	1	1/4	0.2290	$CI = 0.0382, RI = 0.58$
C₃ 生长状况	7	4	1	0.6955	$CR = 0.0659 < 0.10$

表 9-10（c）　　　　　　B2—C、指标权重及一致性检验

评价要素	C₄ 耐旱性	C₅ 用水量	单层权重	一致性检验
C₄ 耐旱性	1	4	0.8000	$\lambda_{max} = 2.0000, CI = 0.0000$
C₅ 用水量	1/4	1	0.2000	$RI = 0.00, CR = 0.0000 < 0.10$

表 9-10（d）　　　　　　B3—C 及一致性检验

评价要素	C₆ 层次丰富度	C₇ 立体绿化	单层权重	一致性检验
C₆ 层次丰富度	1	7	0.8750	$\lambda_{max} = 2.0000, CI = 0.0000$
C₇ 立体绿化	1/7	1	0.1250	$RI = 0.00, CR = 0.0000 < 0.10$

表 9-10（e）　　　　　　B4—C、指标权重及一致性检验

评价要素	C₈ 乡土性	C₉ 养护成本	单层权重	一致性检验
C₈ 乡土性	1	1/2	0.3333	$\lambda_{max} = 2.0000, CI = 0.0000$
C₉ 养护成本	2	1	0.6667	$RI = 0.00, CR = 0.0000 < 0.10$

9.3.3.4　层次总排序

　　计算因子层对于目标层相对重要性的排序权重，得到植物群落节约度评价各指标权重（见表 9-11）。

表 9-11 植物群落节约度评价指标权重

目标层（A）	准则层（B）	单层权重	因子层（C）	单层权重	总权重
城市园林植物群落节约度	生态性 B₁	0.4162	物种丰富度 C₁	0.0754	0.0314
			物种多样性 C₂	0.2290	0.0953
			生长状况 C₃	0.6955	0.2895
	节水性 B₂	0.1238	耐旱性 C₄	0.8000	0.0990
			用水量 C₅	0.2000	0.0248
	节地性 B₃	0.0438	层次丰富度 C₆	0.8750	0.0383
			立体绿化 C₇	0.1250	0.0055
	经济性 B₄	0.4162	乡土性 C₈	0.3333	0.1387
			养护成本 C₉	0.6667	0.2775

对表 9-11 的评价指标总权重进行排序，准则层依次为生态性＝经济性＞节水性＞节地性。节约型城市园林绿地旨在"以最少的用地、最少的用水、最少的财政拨款、选择对周围生态环境最少干扰的绿化模式"。植物群落的生态性与经济性密切相关，植物群落的构建要以提高生态质量为出发点，从而改善环境，这就是最大的节约，一个生态稳定的群落，无须过多人工养护。而针对青岛和徐州，其气候较为干旱，降水较少，因此节水性措施一定程度上更能体现该地带节约度。城市园林建设中，植物构成的空间首先需满足人们活动的要求，植物层次因活动需求而有所差异，因此层次丰富度权重远小于其他指标；立体绿化由于受城市绿化场地限制，并需借助建筑物、构筑物等，暂时难以在公园绿地中广泛应用，其权重也远小于其他指标；因此，节地性权重远小于准则层其他指标权重。

因子层排序为：生长状况＞养护成本＞乡土性＞耐旱性＞物种多样性＞层次丰富度＞物种丰富度＞用水量＞立体绿化。生长状况和养护成本在所有评价指标中占据权重最大，且远大于其他评价指标，说明植物群落生长状况和养护成本对其节约度有着重要影响，群落的健康状况、生长势和病虫害直接影响群落的稳定健康和生态效益，人工养护成本对群落的节约度也影响较大。乡土性总权重排名第三名，乡土植物的运用不仅可以体现地域性特色，其成本低、适应性强、病虫害少等独特自然优势对节约度也有着重要体现。

9.3.4 节约度综合评价分值计算

按照青岛与徐州城市园林植物群落节约度评价指标及判定表对各个群落进行

打分，青岛与徐州城市园林植物群落节约度综合评价分值公式为

$$Y = \sum_{j=1}^{m}(\sum_{i=1}^{n} C_i M_i) B_j$$

式中：Y 为评价总得分；C_i 为因子层得分；M_i 为因子层单层权重；B_i 为准则层权重；i 为因子层个数；j 为准则层个数。在本指标体系中，$i = 9$，$j = 4$。

青岛与徐州城市园林植物群落节约度等级公式：

$$CEI = Y / Y_0 \times 100\%$$

式中：CEI 为综合评价指数；Y 为评价分值；Y_0 为理想分值（取每个因子层的最高级别与权重相乘叠加而得分值）。以 CEI 为分级依据，划分等级见表 9-12。

表 9-12   植物群落节约度等级表

节约度等级	I	II	III	IV	V
CEI（%）	> 90	85 ~ 90	80 ~ 85	75 ~ 80	< 75

9.4 节约度评价结果与分析

将青岛与徐州调研的共 60 个城市园林植物群落节约度综合评价指数进行排序，并对其划分等级（见附录 N、表 9-13）。

根据节约度综合评价表中各个群落的综合评价指数和等级，大多数城市园林植物群落节约度等级处于 II、III、IV 级，综合节约度等级为 I 的群落共 7 个（其中青岛 2 个、徐州 5 个），占 12%，从高到低依次为彭祖园 5 号 > 小青岛公园 1 号 > 珠山公园 3 号 > 彭祖园 2 号 > 八大关绿地 1 号 > 珠山公园 6 号 > 彭祖园 1 号；综合节约度等级为 II 的群落共 9 个（其中青岛 3 个、徐州 6 个），占 15%；综合节约度等级为 III 的群落共 14 个（其中青岛 8 个、徐州 6 个），占 23%；综合节约度等级为 IV 的群落共 19 个（其中青岛 9 个、徐州 10 个），占 32%；综合节约度等级为 V 的群落有 11 个（其中青岛 8 个，徐州 3 个），占 18%。综合节约度等级为 IV 的群落最多，说明青岛与徐州在群落节约度上还存在很大的提升与优化空间。徐州城市园林植物群落节约度普遍略高于青岛。

表 9-13 　　　　青岛、徐州城市园林植物群落节约度综合评价表

排名	样地	综合评价指数	等级	群落类型	垂直结构	空间类型	水平结构
1	彭祖园 5 号样地	96.0654	I	常绿落叶阔叶混交型	乔—灌—草	混交式	半开敞＋覆盖
2	小青岛公园 1 号样地	94.4139	I	针阔混交型	乔—灌—草	混交式	半开敞＋覆盖
3	珠山公园 3 号样地	94.3393	I	常绿落叶阔叶混交型	乔—灌—草	混交式	封闭
4	八大关绿地 1 号样地	92.7792	I	针阔混交型	乔—灌	混交式	半开敞＋覆盖
5	彭祖园 2 号样地	92.5245	I	常绿落叶阔叶混交型	乔—灌	混交式	半开敞
6	珠山公园 6 号样地	90.3470	I	针阔混交型	乔—灌	混交式	半开敞＋覆盖
7	彭祖园 1 号样地	90.0206	I	常绿落叶阔叶混交型	乔—灌—草	混交式	半开敞
8	珠山公园 1 号样地	89.4181	II	常绿落叶阔叶混交型	乔—灌—草	混交式	半开敞
9	奎山公园 4 号样地	88.6245	II	常绿落叶阔叶混交型	乔—灌—草	混交式	半开敞
10	中山公园 1 号样地	87.9961	II	针阔混交型	乔—灌—草	混交式	封闭
11	快哉亭公园 3 号样地	87.9952	II	针阔混交型	乔—灌—草	混交式	半开敞
12	快哉亭公园 1 号样地	87.4232	II	针阔混交型	乔—灌—草	混交式	半开敞＋覆盖
13	百花苑 2 号样地	86.9924	II	针阔混交型	乔—灌	混交式	半开敞
14	云龙公园 3 号样地	86.3780	II	常绿落叶阔叶混交型	乔—灌—草	混交式	半开敞
15	彭祖园 3 号样地	86.2558	II	针阔混交型	乔—灌—草	混交式	半开敞
16	栈桥公园 1 号样地	85.3126	II	常绿针叶型	乔—灌	纯林式	半开敞＋覆盖
17	中山公园 2 号样地	84.9670	III	针阔混交型	乔—灌—草	混交式	封闭
18	珠山公园 2 号样地	83.7903	III	针阔混交型	乔—灌—草	混交式	开敞
19	李沧文化公园 2 号样地	83.7361	III	针阔混交型	乔—灌—草	混交式	半开敞
20	百花苑 5 号样地	83.3631	III	针阔混交型	乔—灌—草	混交式	半开敞
21	李沧文化公园 3 号样地	83.3155	III	针阔混交型	乔—灌—草	混交式	半开敞
22	彭祖园 6 号样地	82.1927	III	针阔混交型	乔—灌—草	混交式	封闭
23	八大关绿地 2 号样地	81.9222	III	针阔混交型	乔—灌	混交式	半开敞＋覆盖
24	八大关绿地 4 号样地	81.9214	III	落叶阔叶型	乔—灌	混交式	半开敞
25	中山公园 7 号样地	81.8309	III	针阔混交型	乔—灌	混交式	半开敞＋覆盖
26	云龙公园 4 号样地	81.7237	III	常绿落叶阔叶混交型	乔—灌—草	混交式	半开敞
27	云龙公园 2 号样地	81.2047	III	常绿落叶阔叶混交型	乔—灌—草	混交式	半开敞＋覆盖
28	东坡养生广场 2 号样地	80.9580	III	常绿落叶阔叶混交型	乔—灌—草	混交式	半开敞
29	奎山公园 3 号样地	80.6428	III	常绿落叶阔叶混交型	乔—灌—草	混交式	半开敞
30	小青岛公园 2 号样地	80.3582	III	常绿针叶型	乔—灌—草	混交式	半开敞

107

功能导向的节约型园林植物景观设计

续表

排名	样地	综合评价指数	等级	群落类型	垂直结构	空间类型	水平结构
31	彭祖园 4 号样地	79.9126	IV	针阔混交型	乔—灌—草	混交式	半开敞
32	榉林公园 2 号样地	79.5208	IV	针阔混交型	乔—灌	混交式	封闭＋覆盖
33	中山公园 6 号样地	79.5032	IV	针阔混交型	乔—灌—草	混交式	开敞＋覆盖
34	珠山公园 5 号样地	79.4892	IV	针阔混交型	乔—灌	混交式	开敞
35	李沧文化公园 1 号样地	79.4174	IV	针阔混交型	乔—灌—草	混交式	半开敞
36	唐岛湾滨海公园 1 号样地	79.1608	IV	针阔混交型	乔	混交式	开敞＋覆盖
37	李沧文化公园 4 号样地	79.1461	IV	针阔混交型	乔—灌—草	混交式	半开敞＋覆盖
38	珠山公园 4 号样地	78.7403	IV	常绿落叶阔叶混交型	乔—灌—草	混交式	半开敞
39	快哉亭公园 2 号样地	78.3081	IV	针阔混交型	乔—灌—草	混交式	封闭＋覆盖
40	中山公园 5 号样地	78.1529	IV	针阔混交型	乔—灌—草	混交式	半开敞＋覆盖
41	鲁迅公园 1 号样地	78.0344	IV	针阔混交型	乔—灌—草	混交式	封闭＋覆盖
42	珠山公园 7 号样地	77.9567	IV	针阔混交型	乔—灌	混交式	半开敞＋覆盖
43	奎山公园 2 号样地	77.8245	IV	常绿落叶阔叶混交型	乔—灌—草	混交式	半开敞
44	东坡养生广场 1 号样地	77.2399	IV	常绿针叶型	乔—灌—草	纯林式	开敞
45	奎山公园 1 号样地	76.8201	IV	常绿落叶阔叶混交型	乔—灌—草	混交式	半开敞
46	榉林公园 1 号样地	76.2345	IV	针阔混交型	乔—灌	混交式	半开敞＋覆盖
47	滨湖公园 3 号样地	75.7998	IV	常绿落叶阔叶混交型	乔—灌—草	混交式	半开敞＋覆盖
48	珠山公园 8 号样地	75.3813	IV	针阔混交型	乔—灌—草	混交式	半开敞
49	八大关绿地 3 号样地	75.0194	IV	针阔混交型	乔—灌	混交式	半开敞
50	云龙公园 1 号样地	74.9418	V	常绿落叶阔叶混交型	乔—灌—草	混交式	半开敞＋覆盖
51	鲁迅公园 2 号样地	74.1133	V	常绿针叶型	乔—灌	纯林式	半开敞＋覆盖
52	中山公园 4 号样地	73.6560	V	针阔混交型	乔—灌	混交式	封闭
53	中山公园 3 号样地	73.6289	V	针阔混交型	乔—灌—草	混交式	半开敞
54	百花苑 1 号样地	72.6507	V	落叶阔叶型	乔—灌	混交式	半开敞
55	百花苑 4 号样地	71.5530	V	针阔混交型	乔—灌—草	混交式	开敞
56	滨湖公园 1 号样地	70.9077	V	针阔混交型	乔—灌—草	混交式	半开敞
57	滨湖公园 2 号样地	66.6178	V	常绿落叶阔叶混交型	乔—灌—草	混交式	开敞
58	百花苑 3 号样地	65.5427	V	常绿针叶型	乔—灌	混交式	半开敞
59	青岛山公园 1 号样地	64.9892	V	针阔混交型	乔—灌	混交式	封闭＋覆盖
60	青岛水族馆 1 号样地	61.4927	V	针阔混交型	乔—灌—草	混交式	开敞

不同等级的植物群落，在生态性、节水性、节地性、经济性分值分布如图
9-1、图 9-2 所示。

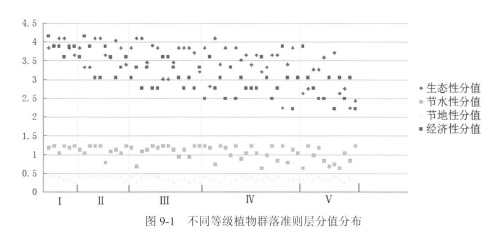

图 9-1 不同等级植物群落准则层分值分布

	I	II	III	IV	V
物种数目C_1	6.8571	6.4444	6.1429	5.7895	4.5455
物种多样性C_2	8.2857	7.7778	7.7143	6.3158	5.0909
生长状况C_3	10.0000	9.5556	9.4286	9.2632	8.0000
耐旱性C_4	9.7143	9.1111	9.4286	8.4211	7.4545
用水量C_5	8.8571	8.6667	7.4286	8.7368	7.2727
层次丰富度C_6	8.8571	9.5556	8.1429	8.3158	8.0000
立体绿化C_7	5.0000	5.5556	5.3571	5.2632	5.9091
乡土性C_8	8.2857	7.5556	5.8571	5.3684	4.5455
养护成本C_9	9.7143	8.8889	8.2857	7.8947	7.8182

图 9-2 不同等级植物群落因子层分值分布

生态性满分为 4.162，调研的 60 个群落分值在 2.2436 ～ 4.0988 分，Ⅰ 级群
落分值均在 3.6 分以上，Ⅱ 级群落分值均在 3.3 分以上，Ⅲ 级群落分值均在 3.0
分以上。生态性高的群落为：八大关绿地 1 号，中山公园 1 号和 6 号，李沧文化
公园 2 号，珠山公园 2 号和 3 号，快哉亭公园 3 号。生态性高的群落物种丰富，

乡土植物和耐旱性植物应用较多，植物群落层次分明。整体上，生态性分值随群落等级的升高而普遍升高，生长状况和物种多样性的平均分值也随群落等级的升高而升高，生态性对节约度有较大的影响。

节水性满分为 1.238，调研的 60 个群落分值在 0.6438 ～ 1.2380 分，Ⅰ、Ⅱ级群落分值基本分布在 1.0 分以上，Ⅴ级群落中 1.0 分以上群落较少。节水性最高的群落为：小青岛公园 1 号和 2 号，八大关绿地 1 号、2 号和 4 号，中山公园 1 号和 5 号，栈桥公园 1 号，李沧文化公园 3 号和 4 号，榉林公园 1 号，鲁迅公园 2 号，青岛水族馆 1 号，珠山公园 5 号和 6 号，奎山公园 3 号和 4 号，快哉亭公园 3 号，彭祖园 4 号，东坡养生广场 1 号。整体节约度高的群落其节水性均较高，但节水性高的群落其整体节约度不一定高，节水性对节约度的影响较小。

节地性满分为 0.438，调研的 60 个群落分值在 0.2573 ～ 0.4106，节地性分值较为均匀地分布在各个等级群落中，其对植物群落节约度影响相对较小。两地植物群落主要为复层式植物群落，且立体绿化的应用均较为欠缺，在节地性上差异不显著。

经济性满分为 4.162，调研的 60 个群落分值在 2.2198 ～ 4.162 分，Ⅰ级群落分值均在 3.6 分以上，Ⅱ级群落分值均在 3.0 分以上，Ⅲ级群落分值均在 2.7 分以上，整体上，经济性分值随群落等级的升高而普遍升高，经济性对节约度也有较大的影响。经济性最高的群落为：彭祖园 5 号和珠山公园 1 号。经济性高的群落更注重对乡土植物的应用，同时，善于构建近自然式植物群落，提高植物的耐修剪程度，减少植物的养护管理成本。

因子层上（见图 9-2），物种数目、物种多样性、乡土性对两地植物群落节约度影响大；生长状况、层次丰富度、养护成本、耐旱性、节水性影响较小；立体绿化影响最小。

在群落类型方面（见图 9-3），常绿落叶阔叶混交型在节地性、经济性及综合评价上都最高，常绿落叶阔叶混交型和针阔混交型在生态性上得分较高。混交型群落通常拥有更多类型的植物，常绿落叶树种搭配，针叶阔叶树种搭配，各物种能更充分高效地利用生态资源，因而更有利于群落的节约度实现。

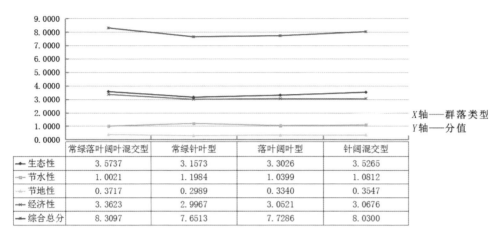

	常绿落叶阔叶混交型	常绿针叶型	落叶阔叶型	针阔混交型
生态性	3.5737	3.1573	3.3026	3.5265
节水性	1.0021	1.1984	1.0399	1.0812
节地性	0.3717	0.2989	0.3340	0.3547
经济性	3.3623	2.9967	3.0521	3.0676
综合总分	8.3097	7.6513	7.7286	8.0300

图9-3 不同植物群落类型平均分值分布

10

青岛、徐州城市园林植物群落
美景度评价

10.1 评价对象

本研究对青岛与徐州城市园林植物群落调查的 60 个群落进行美景度评价。

10.2 评价方法

心理物理学方法是当今风景评价中最科学可靠的方法之一，在森林、公园、水体、道路及植物景观等方面应用较多，其中，由丹尼尔（Daniel）和博士德（Boster）最早提出的美景度评价法（SBE）作为心理物理学派评价方法，在风景评价中应用最多，最为有效。SBE 法可以对人们的景观感知进行量化衡量。本篇采用 SBE 法测量公众对青岛与徐州城市园林植物群落的审美，对其进行景观美学的评价。

10.3 评价步骤

10.3.1 评价照片选取

植物群落的照片拍摄和前期植物群落调查同时进行，照片的拍摄均在 7：00—16：00 晴朗天气拍摄，光线充足。拍摄相机为尼康 5200，照片像素一致。尽量避免人、车辆及景观设施等非景观因子的入镜。对每个植物群落进行多角度、远近景、内外拍摄。

评价选取的照片要求能够反映群落的全貌，不考虑逆光及具明显光斑的照片，尽量选取拍摄角度一样的照片。照片不宜选取过多，否则会引起评判者审美疲劳及敏感度的下降，影响评判有效性。针对本次研究，多数样地选取一张代表性照片，无法反映全貌的选取两张。最终共选取了 66 张照片。

10.3.2　评判者选取

多项研究表明公众与专家对于园林欣赏受教育程度不同，专业素质和敏感度具有一定差异，因而产生一定的审美差异，但各群体在审美方面存在普遍的一致性。为了评价结果更客观科学、贴近实际，本研究将公众与专家共同进行综合评价。

10.3.3　评判方式

采用问卷调查方式，邀请公众和专家对植物群落实景照片进行评判，被测者对照片中植物群落凭最初直观印象打分，想象身处其中的感受。与实景评价比较，能够更好地控制评价对象，相关研究已证实照片同样具有可靠性。评分标准采用七分制（−3、−2、−1、0、+1、+2、+3），数值大小与风景美成正比（见表 10-1、附录 O）。要求评判者不受他人影响独立完成，每个群落的评判时间不超过 8s。

表 10-1　　　　　　　　　　　　七分制评价反应尺度

等级	极不美	很不美	不美	一般	美	很美	极美
分值	−3	−2	−1	0	+1	+2	+3

10.3.4　美景度评分的标准化

不同的评判者审美尺度不同，因此需要对其评判结果进行标准化处理，其公式为

$$Z_{ij} = (R_{ij} - \overline{R_j})/S_j$$
$$Z_i = \sum_j Z_{ij}/N_j$$

式中：Z_{ij} 为第 j 个评分者对第 i 个植物群落的标准化得分值；R_{ij} 为第 j 个评分者对第 i 个植物群落的评分；$\overline{R_j}$ 为第 j 个评分者对所有植物群落评分的平均值；S_j 为第 j 个评分者对所有植物群落评分的标准差；Z_i 为第 i 个植物群落的标准化得分。

10.3.5　美景度评价数据处理

假设所有评价者对被测群落的认知程度与评价标准呈正态分布，计算每个被测群落的平均值 Z 值。随机选定一组作为"基准线"被测群落的平均 Z 值来调整 SBE 度量的起始点，由于不同群体的原始 SBE 值起始点或度量尺度有可能不同，因此，将原始 SBE 值除以基准线组的平均 Z 值的标准差，标准化后，不同受测群落间因认知不同所造成的度量尺度差异可消除，其计算公式为

$$MZ_i = \frac{1}{m-1}\sum_{k=2}^{m} f(cp_{ik})$$

$$\text{SBE}_i = (MZ_i - \text{BMMZ}) \times 100$$

$$\text{SBE}_i^* = \text{SBE}_i / BSDMZ$$

式中：MZ_i 为被测群落 i 的平均值；cp_{ik} 为评价者给予被测群落 i 的评值为 k 及高于 k 的频率；$f(cp_{ik})$ 为累计正态函数分布频率；m 为评值等级数，本次评价中 $m = 7$；SBE_i 为被测群落 i 的原始 SBE 值；BMMZ 为基准线平均 Z 值；SBE_i^* 为被测群落 i 的标准化 SBE 值；BSDMZ 为基准线组平均 Z 值的标准差。

在计算过程中，最低等级的 cp 必定等于 1，$f(cp) = \infty$，此等级的 $f(cp)$ 不予考虑；其他等级的 $cp = 1$，$f(cp) = 1-1/(2N)$；$cp = 0$，$f(cp) = 1/(2N)$，其中 N 为参与评价总人数。

10.4　美景度评价结果

本评价共发放问卷 178 份，回收问卷 178 份，其中有效问卷 176 份。在 176 名评判者中，男 74 人（占 42.0%），女 102 人（占 58.0%）；大学以下学历 18 人（占 10.2%），大学学历 117 人（占 66.5%），硕士及以上学历 41 人（占 23.3%）；20 ～ 30 岁 110 人（占 62.5%），30 ～ 40 岁 22 人（占 12.5%），40 ～ 50 岁 22 人（占 12.5%），50 岁以上 22 人（占 12.5%）；园林及相关专业 67 人（占 38.1%），其他专业 109 人（占 61.9%）。

评分主体主要分为以下几种类型：专业差异（园林及相关专业、非园林专业）、性别差异（男、女）、年龄差异（20 ～ 30 岁、30 ～ 40 岁、40 ～ 50 岁、50 岁以上）、文化程度差异（大学以下、大学、硕士及以上）。为检验评价结果是否与性别、专业、学历及年龄等因素相关，研究性别、专业、学历及年龄是否对植物群落的审美有

一定影响,对不同群体的美景度评分进行标准化处理后,利用 Pearson 相关方法进行相关性分析。通常相关系数在 0.6 ~ 0.8 属于强相关,0.4 ~ 0.6 属于中等程度相关,0.2 ~ 0.4 属于弱相关,0.0 ~ 0.2 属于极弱相关或无相关。不同性别、不同专业、不同学历及不同年龄的相关系数均在 0.6 以上(见表 10-2),在心理学上属于高度相关,可以认为不同性别、不同学历、不同年龄、不同专业的人群在审美评价方面表现出显著一致性。其中男性与女性相关系数达到 0.9 以上,相关性极高,性别所带来的审美差异十分小。

表 10-2　　　　　　　　　**不同受测群体间植物群落审美相关性分析**

项目	内容				
受测群体	男~女				
相关系数	0.9135				
受测群体	园林及相关专业~其他专业				
相关系数	0.7877				
受测群体	大学以下~大学		大学以下~硕士及以上		大学~硕士及以上	
相关系数	0.6170		0.6201		0.9494	
受测群体	20 ~ 30 岁与 30 ~ 40 岁	20 ~ 30 岁与 40 ~ 50 岁	20 ~ 30 岁与 50 岁以上	30 ~ 40 岁与 40 ~ 50 岁	30 ~ 40 岁与 50 岁以上	40 ~ 50 岁与 50 岁以上
相关系数	0.7400	0.7713	0.6744	0.7893	0.7034	0.7729

随机选择编号为 23 的群落作为 SBE 基准线,其 SBE = 0。随机选取园林及相关专业组为基准线组,BSDMZ = 0.252477676。SBE 值表示植物群落在评价者眼中的喜好程度,值越高,说明评价者觉得越美,喜好程度越深。从平均值看,徐州整体比青岛美景度更高。美景度评价结果见表 10-3。

表 10-3　　　　　**青岛与徐州城市园林植物群落美景度评价结果**

排名	样地	SBE_i^*(总)	园林及相关专业组 SBE_i^*	其他专业组 SBE_i^*	p 值(相关显著性)
1	中山公园 6 号样地	198.4860	133.3367	214.0747	0.0565
2	李沧文化公园 2 号样地	191.9986	150.1262	235.6917	0.0958
3	云龙公园 3 号样地	185.8708	49.8406	228.3643	0.8093
4	彭祖园 6 号样地	176.5999	147.0025	76.6625	0.0990
5	李沧文化公园 4 号样地	173.0863	208.3551	143.9611	0.6769
6	百花苑 2 号样地	155.2571	173.8586	18.1925	0.5001

续表

排名	样地	SBE$_i^*$（总）	园林及相关专业组 SBE$_i^*$	其他专业组 SBE$_i^*$	p 值（相关显著性）
7	珠山公园 6 号样地	135.2345	35.3220	231.3024	*0.0052
8	中山公园 1 号样地	134.0740	31.0224	170.4785	0.5894
9	云龙公园 4 号样地	124.6586	−8.4382	179.9813	0.4705
10	奎山公园 2 号样地	120.0820	107.7966	174.1371	0.1164
11	彭祖园 2 号样地	112.0038	82.8355	97.2857	0.8361
12	彭祖园 5 号样地	111.9719	114.2011	146.4324	0.4293
13	奎山公园 1 号样地	94.0619	2.9787	118.6682	0.1187
14	百花苑 5 号样地	93.7749	114.2608	136.1808	0.7593
15	珠山公园 7 号样地	91.6876	−75.7926	156.1668	0.3463
16	中山公园 5 号样地	88.0749	−22.7818	109.5718	0.7171
17	中山公园 7 号样地	84.0984	−2.0692	−26.0164	0.9151
18	百花苑 1 号样地	80.7480	33.1423	105.4801	0.4222
19	彭祖园 4 号样地	73.8685	12.8226	144.1707	0.6445
20	八大关绿地 2 号样地	64.9129	4.6088	91.3760	0.1900
21	滨湖公园 1 号样地	53.2351	2.6786	116.2912	0.6846
22	奎山公园 3 号样地	52.4582	101.4826	74.5752	0.0992
23	珠山公园 3 号样地	48.2219	−24.2755	139.0638	0.1316
24	云龙公园 2 号样地	46.0704	−130.8978	112.0730	*0.0043
25	东坡养生广场 1 号样地	41.6400	−40.2499	74.2372	0.7830
26	滨湖公园 2 号样地	41.5291	−65.0414	88.4238	0.8641
27	彭祖园 1 号样地	40.4755	−3.7530	100.2146	0.8717
28	珠山公园 1 号样地	30.4831	−29.1775	108.1020	0.2091
29	滨湖公园 3 号样地	26.4342	47.3921	125.2446	0.0739
30	快哉亭公园 1 号样地	22.4613	58.9523	126.2572	0.6805
31	珠山公园 2 号样地	21.5681	133.7054	61.1146	*0.0351
32	珠山公园 8 号样地	21.2918	101.2378	78.0613	0.3446
33	中山公园 4 号样地	18.5450	−46.1614	43.8041	0.2409
34	鲁迅公园 1 号样地	18.1377	−17.2206	75.2582	0.5682
35	中山公园 2 号样地	15.2007	57.3146	46.1646	0.5092

排名	样地	SBE$_i^*$（总）	园林及相关专业组 SBE$_i^*$	其他专业组 SBE$_i^*$	p 值（相关显著性）
36	东坡养生广场 2 号样地	12.5280	10.3800	69.3730	0.2935
37	八大关绿地 3 号样地	6.3133	20.5647	115.5081	0.2422
38	小青岛公园 2 号样地	2.8735	38.3359	36.0836	0.4895
39	八大关绿地 4 号样地	1.4252	−91.0542	92.1991	0.0949
40	百花苑 3 号样地	1.0153	−79.8039	94.8722	0.1364
41	李沧文化公园 1 号样地	0.0000	0.0000	0.0000	0.4870
42	彭祖园 3 号样地	−1.9588	−31.5538	59.7139	0.9676
43	八大关绿地 1 号样地	−10.7011	−15.5633	36.5851	0.7581
44	快哉亭公园 2 号样地	−17.5496	−43.4891	39.1770	0.6924
45	奎山公园 4 号样地	−20.1882	−19.3797	25.9743	0.9158
46	鲁迅公园 2 号样地	−21.8941	−24.0804	21.9678	0.7652
47	快哉亭公园 3 号样地	−22.3692	34.2627	49.2079	0.8832
48	珠山公园 4 号样地	−39.5494	−41.7572	7.2760	0.7349
49	珠山公园 5 号样地	−43.9455	−60.6100	96.9431	*0.0469
50	小青岛公园 1 号样地	−44.3740	45.6881	8.4364	0.7954
51	云龙公园 1 号样地	−74.6383	1.7805	−12.6462	0.7402
52	榉林公园 1 号样地	−78.0008	−124.9612	−2.3709	0.2996
53	中山公园 3 号样地	−80.9862	−38.3550	−43.4505	0.5683
54	李沧文化公园 3 号样地	−84.6447	−32.3286	−57.7407	0.3346
55	唐岛湾滨海公园 1 号样地	−133.6822	−152.4640	−13.7612	*0.0409
56	百花苑 4 号样地	−144.6251	−56.9863	−89.1761	0.6971
57	榉林公园 2 号样地	−153.1206	−138.7607	−52.6775	0.0969
58	青岛水族馆 1 号样地	−168.9958	−81.2347	−116.4398	0.4409
59	青岛山公园 1 号样地	−184.5210	−98.3256	−164.8264	0.0837
60	栈桥公园 1 号样地	−282.9695	−129.3888	−259.2718	*0.0141

* 表示 p 值小于 0.05。

　　分别对园林及相关专业组和其他专业组美景度评分进行标准化处理，并进行 T 检验，研究两组在各个群落审美上的差异。统计学根据显著性检验方法所得到的 p 值，一般 $p < 0.05$ 为显著，$p < 0.01$ 为非常显著。园林及相关专业组和其

他专业组之间审美普遍一致，但仍存在一定差异（见图 10-1）。珠山公园 2 号和 5 号、唐岛湾滨海公园 1 号、栈桥公园 1 号的打分差异显著；珠山公园 6 号、云龙公园 2 号的打分差异非常显著；其余群落打分值差异均不显著。

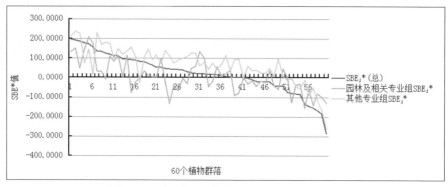

图 10-1　不同专业的植物群落审美差异性分析

10.5　不同群落类型 SBE 比较

植物群落既要注重生态适应性，还需要美学特性，植物群落美的构成要素主要有形貌、色彩、线条、季相、声音等。植物群落的色彩数量、色彩明暗、空间感受、视觉中心、视线、安全感、植物形态、配置层次、主景树冠形、生活型，及其他显著的植物景观影响因子等对植物群落的美景度均有一定的影响。通过比较不同类型群落的美景度，有助于了解人们的喜好程度，为群落配置提供参考。

通过表 10-4，从植物群落结构来看，SBE 平均值排序为：混交式＞纯林式；乔—灌—草＞乔—灌＞乔。混交式群落拥有更多的植物种类，美景度随植物种类的丰富而升高。群落层次越丰富，美景度越高，植物群落草本盖度与美景度有很高的相关性，城市园林建设中提高草本层盖度，选择耐践踏植物，使游人可进入林下空间活动，满足人们的需求和喜好。

从植物群落空间类型来看，SBE 平均值排序为：封闭＞半开敞＞开敞＋覆盖＞半开敞＋覆盖＞开敞＞封闭＋覆盖。群落美景度随郁闭度的升高而升高，郁闭度太低会过于空旷，过高会使人感到压抑，美景度也会降低，因此要控制群落郁闭度，使其达到人们最舒适的状态。

表 10-4   不同群落类型 SBE 比较

分类方式	群落类型	数量	最高分群落	分值	最低分群落	分值	平均分
水平结构	纯林式	3	东坡养生广场 1 号样地	41.6400	栈桥公园 1 号样地	−282.9695	−87.7411
	混交式	57	中山公园 6 号样地	198.4860	青岛山公园 1 号样地	−184.5210	29.2451
垂直结构	乔—灌—草	41	中山公园 6 号样地	198.4860	青岛水族馆 1 号样地	−168.9958	38.0814
	乔—灌	18	百花苑 2 号样地	155.2571	栈桥公园 1 号样地	−282.9695	−1.3284
	乔	1	唐岛湾滨海公园 1 号样地	−133.6822	唐岛湾滨海公园 1 号样地	−133.6822	−133.6822
空间类型	封闭	5	彭祖园 6 号样地	176.5999	中山公园 2 号样地	15.2007	78.5283
	半开敞	27	李沧文化公园 2 号样地	191.9986	中山公园 3 号样地	−80.9862	48.8392
	开敞	6	滨湖公园 2 号样地	41.5291	青岛水族馆 1 号样地	−168.9958	−42.1380
	封闭 + 覆盖	4	鲁迅公园 1 号样地	18.1377	青岛山公园 1 号样地	−184.5210	−84.2632
	半开敞 + 覆盖	16	李沧文化公园 4 号样地	173.0863	栈桥公园 1 号样地	−282.9695	13.5953
	开敞 + 覆盖	2	中山公园 6 号样地	198.4860	唐岛湾滨海公园 1 号样地	−133.6822	32.4019

11

青岛、徐州城市园林植物群落总体特色与优化模式研究

11.1 不同类型植物群落特色及典型案例分析

水体、建筑与小品、园路广场、植物等是重要的造园要素。植物不仅可以独自成景,还可以与其他要素相搭配,呈现出丰富多彩的景观,为其增添灵动和风韵。不同类型植物群落在节约度和美景度上均有一定差异（见表11-1）,在美景度上,植物群落层次结构复杂、生长状况良好、季相变化丰富的植物群落其美景度方面更为突出,与水亲近的植物群落普遍高于陆地植物群落,其中与园路广场配置的植物群落美景度最低。节约度上,平均分较高的也是与水体配置的植物群落,其生态性、节水性与经济性方面都较为突出。在生态性方面,单纯植物配置的群落以其丰富的植物种类、较高的物种多样性和植物良好的健康状况而最优,与建筑小品及园路广场配置的植物群落则稍显欠缺。在节水性与经济性方面,与水体配置的植物群落也表现最优,选择了更多的耐旱性树种与乡土植物,单纯植物配置的植物群落在经济性方面表现最差,其更多地利用了造型植物与形态优美的植物,养护管理成本较高。

表 11-1　　　　　不同类型植物群落节约度与美景度综合分析

群落类型	美景度平均分	节约度				
		总体平均分	生态性平均分	节水性平均分	节地性平均分	经济性平均分
与水体配置	53.7280	83.6549	3.5647	1.1580	0.3559	3.2869

续表

群落类型	美景度平均分	节约度				
		总体平均分	生态性平均分	节水性平均分	节地性平均分	经济性平均分
与建筑小品配置	11.4782	79.3047	3.3384	1.0133	0.3559	3.2229
与园路广场配置	−8.5873	79.4825	3.3414	1.08325	0.3501	3.1736
单纯植物配置	38.5256	80.5763	3.7165	1.0262	0.3553	2.9597

11.1.1 与水体配置的植物群落

水常常给人以清澈、开怀的感受，是园林重要的造园要素之一，常常与植物群落共同营造植物景观。园林中有各式各样的水体，青岛是典型的滨海城市，"蓝天、绿树、碧海、沙滩"是给人的第一印象；而徐州则是以云龙湖作为标志性景观。"海"的动与"湖"的静的对比，其植物群落必然会有着各自的特色（见表11-2、图11-1）。

表 11-2 滨水植物群落配置模式

样地编号	群落配置模式
青岛	
栈桥公园1号样地	黑松—枸骨+圆柏+火棘+辽东水蜡—羽衣甘蓝
李沧文化公园2号样地	雪松+流苏树+朴树+国槐+女贞+紫叶李+日本晚樱+悬铃木+白毛杨+柏木+紫薇+水杉+杜仲+臭椿+垂柳+龙爪槐+碧桃—迎春+蚊母树+紫荆+紫叶小檗+石楠+金叶女贞+火棘+龟甲冬青+小叶黄杨+雀舌黄杨+连翘+扁担木—常春藤
百花苑5号样地	黄连木+榉+三角枫+榆+朴+二乔玉兰+鸡爪槭+日本晚樱—龙柏+龙爪槐+迎春+棣棠+小蜡+锦鸡儿+红叶石楠—藤本月季
小青岛公园2号样地	黑松+龙柏—山茶+珊瑚树+海桐—沿阶草+马尼拉草
李沧文化公园4号样地	垂柳+紫薇+黑松+碧桃+桃树—紫叶小檗+红叶石楠+火棘+龟甲冬青+金叶女贞+大叶黄杨+红瑞木+连翘+紫荆+石楠—扶芳藤
中山公园5号样地	日本云杉+垂柳+棕榈+龙爪槐+元宝槭+龙柏+臭椿+日本樱花+鸡爪槭—珊瑚树+紫荆+紫叶小檗+栀子+榆叶梅+小叶黄杨+黄刺玫+大叶黄杨+花叶女贞+山茶+木绣球+阔叶十大功劳+龟甲冬青+石楠+锦鸡儿+连翘+迎春+南天竹+溲疏—鸢尾+络石—矢竹
鲁迅公园1号样地	黑松+樱花—火棘+大叶黄杨+圆柏+连翘+山茶+珊瑚树+海桐+红叶石楠—羽衣甘蓝+沿阶草+月季—爬山虎
鲁迅公园2号样地	黑松—海桐+锦鸡儿+珊瑚树+大叶黄杨

续表

样地编号	群落配置模式
徐州	
彭祖园 2 号样地	鸡爪槭+桂花+女贞+香樟+朴树+广玉兰+石楠—洒金东瀛珊瑚+红花檵木+海桐+红叶石楠+八角金盘+杜鹃+黄杨+小蜡+罗汉松+小叶女贞+马甲子
珠山公园 6 号样地	女贞+悬铃木+枇杷+苹果+杜梨+水杉—木槿+迎夏+金森女贞+红叶石楠+连翘
奎山公园 4 号样地	小蜡+杞柳+桂花+女贞+鸡爪槭+紫薇+旱柳+朴树+桃树+乌桕—红花檵木+小蜡+红叶石楠+海桐+木芙蓉+迎春+大叶黄杨+连翘+小叶女贞+海桐—沿阶草+水生鸢尾+睡莲+泽泻+香蒲
快哉亭公园 1 号样地	水杉+雪松+女贞+紫薇—腊梅+紫荆+剑兰+海桐+八角金盘+连翘+洒金东瀛珊瑚+夹竹桃+棣棠—麦冬
云龙公园 3 号样地	棕榈+香樟+女贞+圆柏+绣球花+海棠+大青杨+杜仲+旱柳—红叶石楠+大叶黄杨+火棘+金森女贞+枸骨+海桐+连翘—麦冬+剑兰

李沧文化公园 4 号　　　　　　彭祖园 2 号　　　　　　鲁迅公园 1 号

图 11-1　典型滨水植物群落样地实景图

滨海地带的立地环境决定了其只有特殊树种可以良好生长，树种较为单一，青岛滨海植物群落几乎全部选用了乡土树种及抗海风、耐盐碱等抗性较强的树种，树姿刚美、苍翠挺拔，与汹涌海浪的氛围相呼应，但景观效果稍显单调，下层植物也应用较少，层次单一，节约度较低。徐州云龙湖湖面辽阔，较为宁静，通过丰富群落林冠线及季相变化，并多加运用乡土树种，营造优美的植物群落，其群落层次丰富，地被种类多，节约度普遍比青岛高。节约度与美景度均较高的有徐州珠山公园 6 号样地，节约度与美景度均较差是青岛鲁迅公园 2 号样地。

11.1.1.1　节约度与美景度均较高的案例：珠山公园 6 号样地

珠山公园 6 号样地位于徐州市珠山公园好人园，群落北侧临湖，共有植物11 种（见表 11-3、图 11-2、图 11-3）。群落枝叶浓密，透光性较小，植物生长状况良好，乡土树种与耐旱树种比例高，生态性高。群落结构丰富，覆盖度高，在节地和节水性方面较优。群落大乔木处于同一高度级，形成等高的林冠线，十分简洁，群落内乔木按种类成片种植，如水杉、悬铃木、杜梨等，展现出特殊植物的形态美。乔木枝下高较高，树冠下方较为通透，形成了覆盖空间，北侧园路两旁较为规整地种植了干挺、高耸的水杉和悬铃木形成林荫道，可供游人休憩和庇荫。南侧沿路则留出一块草坪，点缀几棵球形灌木，形成稍空旷的空间。群落下层片状覆盖了灌木，好似密林下的一片海洋。春季，上层乔木苹果和杜梨开出白色的小花，枇杷不同于其他果树的果期，在春季结出黄色的果实，下层连翘开出黄色的花，红叶石楠抽出红色新叶，金森女贞金黄的叶子也给绿色增添了层次；夏季，女贞白色的花和迎夏黄色的花持续了春天的花色，又增加了木槿淡紫色的花，花色更加丰富，与郁郁葱葱的绿色植物呈现一片欣欣向荣的景色；秋季，悬铃木叶色金黄，水杉叶色暗红，木槿的花期还能延续到初秋，白色的枇杷花在此季盛开，苹果杜梨结出果实，一片繁茂；冬季落叶树种叶片凋落，只剩女贞和枇杷，枇杷的花还能持续到初冬，群落的通透性变大，能够观赏到北侧湖面景色。

表 11-3　　　　　　　　　　珠山公园 6 号样地植物群落分析

项　　目	内　　容
群落概况	群落面积：555m² 群落类型：针阔混交型 垂直结构：乔—灌 水平结构：混交式 空间类型：半开敞＋覆盖 常绿落叶树种比：1：1.75 针叶阔叶树种比：1：10 乔灌草树种比：1：0.83 乡土树种百分比：45.5% 耐旱性树种百分比：72.7%
节约度评价	综合节约度评分：9.0347 等级：I 生态性评分：3.6548 节水性评分：1.238 节地性评分：0.2573 经济性评分：3.8846
美景度评价	美景度评分：135.23

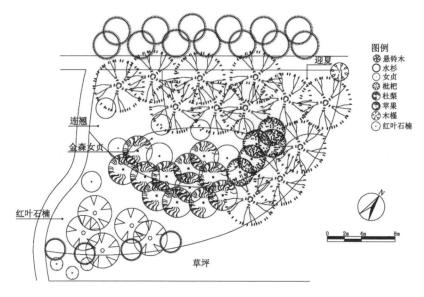

图 11-2　珠山公园 6 号样地植物群落平面图

（a）林外景观　　　　　　　　　　　　（b）林内景观

图 11-3　珠山公园 6 号样地植物群落实景照片

11.1.1.2　节约度与美景度均较低的案例：鲁迅公园 2 号样地

鲁迅公园 2 号样地位于青岛市鲁迅公园西侧滨海礁石沙滩，共有植物 5 种（见表 11-4、图 11-4、图 11-5）。群落植物多样性较低，以黑松为主要上层乔木，占据优势，形成等高的林冠线，简洁而壮观，表现了黑松这一特殊树种的形态美，十分具有滨海特色。下层以球形灌木为主，点缀其中，但由于养护不及时，造型较差，草坪生长状况也较差，大部分地表裸露，群落层次结构趋于简单，空间利用率较低，生态性不高。群落主要为常绿树种，季相景观单调，但黑松较高的分支点为游人一年四季在海边游赏提供了一个可活动与蔽日的空间。

表 11-4　　　　　　　　　　　鲁迅公园 2 号样地植物群落分析

项目	内容
群落概况	群落面积：853m² 群落类型：常绿针叶型 垂直结构：乔—灌 水平结构：纯林式 空间类型：半开敞 + 覆盖 常绿落叶树种比：1：0.25 针叶阔叶树种比：1：0.25 乔灌草树种比：1：0.25 乡土树种百分比：0 耐旱性树种百分比：60.0%
节约度评价	综合节约度评分：7.4113 等级：V 生态性评分：2.7597 节水性评分：1.238 节地性评分：0.3614 经济性评分：3.0522
美景度评价	美景度评分：−21.89

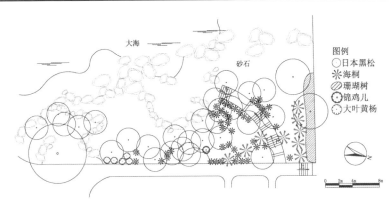

图 11-4　鲁迅公园 2 号样地植物群落平面图

（a）林外景观

（b）林内景观

图 11-5　鲁迅公园 2 号样地植物群落实景照片

11.1.2 与建筑小品配置的植物群落

　　建筑及小品在园林中本身就是一景，但因其固定不变而缺乏活力，与植物群落相搭配，更具活力与生机，植物群落的四季季相景观与之相衬，常常能营造出不同氛围。不同城市的建筑在其色彩、风格、体量及寓意等方面各有特色，青岛气候温和，在建筑色彩的选择上并没有太多限制，德国建筑影响了德租时期的青岛建筑，西洋建筑式样在青岛建筑中常有体现，强调华丽的装饰和鲜艳的色彩，造型精美，充满了浪漫色彩。景观小品主要以海洋文化雕塑等为主，花坛等善于运用石材、砖等防潮性较强的材料，因此，青岛在植物景观营造上和植物色彩上更加朴素，建筑、蓝天、大海与植物景观既和谐又独具风采，构成一幅绚丽的城市风景画。作为历史文化名城的徐州，以其 6000 年的文化熏陶出了独特的文化风姿。400 多年的两汉文化使徐州拥有了丰富的两汉文化遗存，地域特色鲜明，以仿汉建筑及汉文化小品为主，喜爱应用木构建筑，以清淡、明快的灰白色系和浅蓝、绿色系为主，古典风格突出。其植物景观以近自然式为主，精致而诗情画意，层次丰富，节水、节地性优势明显，对色彩的运用也较为注重（见表 11-5、图 11-6）。节约度与美景度均较高的有徐州彭祖园 5 号样地，节约度与美景度均较差的是徐州云龙公园 1 号样地。

表 11-5　　　　　　　　　　建筑小品植物群落配置模式

样地编号	群落配置模式
青岛	
小青岛公园 1 号样地	朴树＋龙柏＋蒙古栎＋黑松＋刺槐＋樱花＋日本晚樱＋金银木＋灯台树＋拓树＋山皂荚＋碧桃—女贞＋大叶黄杨＋山茶＋海桐＋石楠＋紫藤＋铺地龙柏—吉祥草＋南蛇藤＋孝顺竹
八大关绿地 4 号样地	桃＋短柄枹栎＋刺槐＋龙柏—大叶黄杨＋砂地柏＋溲疏＋金叶女贞
中山公园 7 号样地	元宝枫＋水杉＋柏木＋黄山栾树＋木瓜＋黑松＋女贞＋日本樱花＋杜仲＋龙柏＋广玉兰—山茶＋连翘＋金边大叶黄杨＋紫叶小檗＋火棘＋木槿＋龟甲冬青
李沧文化公园 1 号样地	雪松＋银杏＋青朴＋紫薇＋日本晚樱＋龙柏＋桧柏＋垂柳—红叶石楠＋大叶黄杨＋女贞＋连翘＋紫叶小檗＋金叶女贞—鸢尾
八大关绿地 3 号样地	刺槐＋垂柳＋雪松＋红枫＋水杉＋刚松＋朴树＋柏木＋碧桃＋槲栎＋金钱松—红叶石楠＋连翘
青岛山公园 1 号样地	龙爪槐＋青朴＋国槐＋黑松—大叶黄杨＋桧柏＋锦鸡儿—紫藤
徐州	
云龙公园 4 号样地	木绣球＋龙爪槐＋桂花＋榆树＋女贞—蜀桧＋牡丹＋红叶石楠＋八角金盘＋南天竹＋结香＋枸杞＋栀子＋海桐—鸢尾＋麦冬—爬山虎

续表

样地编号	群落配置模式
彭祖园 4 号样地	白皮松+早樱+晚樱+樱桃—红花檵木+海桐+金边大叶黄杨+小叶女贞+洒金东瀛珊瑚+海桐+石楠+小丑火棘+红花檵木—沿阶草+麦冬
快哉亭公园 2 号样地	银杏+桂花+圆柏+白皮松+枣树—洒金东瀛珊瑚+贴梗海棠+八角金盘+南天竹+紫薇+蜡梅+海桐—醡浆草+麦冬—紫藤+木香—刚竹
彭祖园 5 号样地	朴树+三角枫+石榴+女贞+桂花+鸡爪槭+紫薇—石楠+枸骨+海桐+小叶女贞+连翘+红花檵木+杜鹃+洒金东瀛珊瑚—沿阶草+吉祥草
滨湖公园 3 号样地	桢楠+秋枫+黄桷兰—紫薇+紫毛白杨+紫叶李+紫薇+香樟—金边黄杨+红叶石楠+八角金盘—沿阶草+鸢尾+吉祥草
云龙公园 1 号样地	石榴+侧柏+腊梅—八角金盘—羽衣甘蓝+麦冬—金竹
滨湖公园 2 号样地	重阳木—红叶石楠+金森女贞+红花檵木—沿阶草

（a）滨湖公园 2 号 　　　　　（b）小青岛公园 1 号 　　　　　（c）快哉亭公园 2 号

图 11-6　典型建筑及小品植物群落样地实景图

11.1.2.1　节约度与美景度均较高的案例：彭祖园 5 号样地

彭祖园 5 号样地位于徐州彭祖园建筑旁滨湖绿地，南侧临湖，共有植物 17 种（见表 11-6、图 11-7、图 11-8）。该群落植物长势良好，树冠丰满，球形灌木修剪整齐。物种多样性高，基本无病虫害，乡土树种及耐旱树种比例较高，乔灌木覆盖度高，植物之间生境和谐程度也较好，生态性、经济性均较高，植物群落节约度好。散置玲珑剔透的太湖石，古典韵味浓厚，植物造景较为精致。群落以小乔木—灌木—草本为配置模式，层次丰富，群落稳定性高。色叶树种有鸡爪槭、三角枫、红花檵木；开花植物较多，春季有红花檵木、连翘、杜鹃、海桐，夏季有紫薇、石榴，秋季的桂花；冬季有红果的枸骨；色彩丰富，四季有花可观，极大地丰富了群落的景观风貌。游人在亭中休憩，可观赏西侧植物群落，从对岸观赏，该植物群落又成为亭子的背景，群落面积不大，却展现出蓬勃生机。

表 11-6   彭祖园 5 号样地植物群落分析

项　目	内　容
群落概况	群落面积：160m^2 群落类型：常绿落叶阔叶混交型 垂直结构：乔—灌—草 水平结构：混交式 空间类型：半开敞 + 覆盖 常绿落叶树种比：1∶0.7 针叶阔叶树种比：无针叶 乔灌草树种比：1∶1.14∶0.29 乡土树种百分比：64.7% 耐旱性树种百分比：52.9%
节约度评价	综合节约度评分：96.0654 等级：Ⅰ 生态性评分：3.8454 节水性评分：1.1885 节地性评分：0.4160 经济性评分：4.1620
美景度评价	美景度评分：111.97

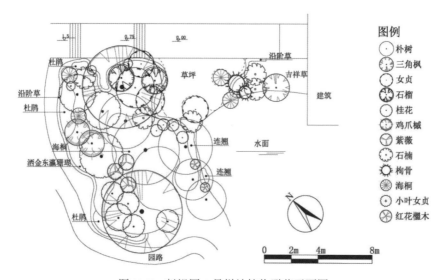

图 11-7 彭祖园 5 号样地植物群落平面图

(a) 林外景观 (b) 林内景观

图11-8 彭祖园5号样地植物群落实景照片

11.1.2.2 节约度与美景度均较低的案例：云龙公园1号样地

云龙公园1号样地位于徐州云龙公园内胡琴艺术博物馆入口，为墙体绿化，其植物群落主要是弱化了墙体的生硬感（见表11-7、图11-9、图11-10）。群落共有植物7种，种类较为单调，耐旱性树种的比例也较低，在节水性上较差。植物长势稍显杂乱，有部分土壤裸露无植被覆盖。群落上层主要有侧柏、石榴、金竹和蜡梅，下层灌木为耐荫树种八角金盘，地被为麦冬和四季时花，其中层植物较为欠缺，但是露出了白色的墙体，墙体成为了植物的背景，别有一番韵味。植物群落在色彩上也较为单调，入口正中央花坛中心植一棵石榴，夏季红色的石榴花配上下层的四季时花，形成了视觉焦点，冬季蜡梅黄色的花显得十分素雅。

表11-7 云龙公园1号样地植物群落分析

项 目	内 容
群落概况	群落面积：110m^2 群落类型：常绿落叶阔叶混交型 垂直结构：乔—灌—草 水平结构：混交式 空间类型：半开敞＋覆盖 常绿落叶树种比：1：0.17 针叶阔叶树种比：1：6 乔灌草树种比：1：0.2：0.5 乡土树种百分比：57.1% 耐旱性树种百分比：28.6%
节约度评价	综合节约度评分：8.1724 等级：V 生态性评分：2.6319 节水性评分：0.6438 节地性评分：0.334 经济性评分：3.8846
美景度评价	美景度评分：-74.63。

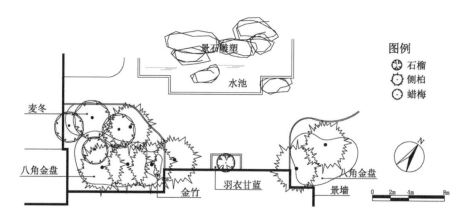

图 11-9　云龙公园 1 号样地植物群落平面图

图 11-10　云龙公园 1 号样地植物群落实景照片（全景景观）

11.1.3　与园路广场配置的植物群落

　　园林道路一般包括主次干道、小径及广场等，为游人提供了集散、运输、消防及游览等功能。园路强调与植物景观相结合，不仅仅限于栽植行道树，还包括应用植物营造具有空间意义的植物景观。青岛、徐州与园路广场配置的植物群落均偏向于自然式布置，包括自然式布置的疏林草地、花境、密林等，注重立面构图的优美（见表 11-8、图 11-11）。青岛善于用树高冠大的乔木形成覆盖空间，植物造景上更加简洁明了，徐州较青岛更注重层次和色彩的丰富度，更加善于运用灌丛和花境，散置石块，充满野趣，还善于应用古典园林造景手法，如夹景、点景、借景等增添景观趣味与观赏性。节约度与美景度均较高的有青岛中山公园 1 号样地，节约度与美景度均较差的是百花苑 4 号样地。

表 11-8 园路广场植物群落配置模式

样地编号	群落配置模式
青岛	
中山公园 1 号样地	水杉+雪松+悬铃木+紫薇+桃+日本晚樱+鸡爪槭—黄杨+铺地龙柏+红瑞木+红叶石楠+铺地柏+金叶女贞+栀子+小蜡+紫丁香+球柏+连翘+金叶女贞+紫叶小檗+雀舌黄杨—鸢尾+沿阶草
百花苑 2 号样地	黑松+雪松+喜树+梧桐+紫薇+圆柏—铺地龙柏+溲疏+铅笔柏—麦冬
中山公园 2 号样地	雪松+黑松+黄连木+榔榆+日本樱花+鸡爪槭—红叶石楠+大叶黄杨+山茶+连翘+紫叶小檗+金叶女贞+水蜡+榆叶梅—吉祥草
榉林公园 2 号样地	雪松+刺槐+榉树+柏木+麻栎—连翘+大叶黄杨
唐岛湾滨海公园 1 号样地	日本五针松+黑松+垂柳
榉林公园 1 号样地	朴树+刺槐+麻栎+黑松+光叶榉+雪松—文冠果
中山公园 4 号样地	水杉+日本五针松+紫薇+日本云杉+荚蒾+樱花—瓜子黄杨+大叶黄杨+海桐+山茶+紫叶小檗+黄刺玫
中山公园 3 号样地	樱花+黑松+雪松+圆柏+樱桃—大叶黄杨+海桐+连翘+红叶石楠+紫叶小檗+牡丹+洒金东瀛珊瑚+铺地龙柏+千首兰—吉祥草
百花苑 4 号样地	榔榆+雪松+二乔玉兰—溲疏+铺地龙柏+月季+锦带花+贴梗海棠+小蜡+紫荆+连翘+海桐+石岩杜鹃+紫丁香—鸢尾
青岛水族馆 1 号样地	桧柏+五角槭+龙爪槐—石楠+海桐+女贞+黄杨+千首兰—圆柏—阔叶麦冬
徐州	
彭祖园 3 号样地	雪松+毛白杨+女贞+黄连木+刺槐+白蜡+无患子+琼花+鸡爪槭+日本晚樱+日本樱花—八角金盘+红花檵木+红叶石楠+石楠—麦冬+吉祥草+剑兰
珠山公园 1 号样地	女贞+石楠+旱柳+三角枫+垂丝海棠+红枫+木绣球+鸡爪槭+紫薇—棣棠+红叶石楠+瓜子黄杨+金边大叶黄杨+小叶女贞+大叶黄杨+金森女贞+红花檵木+南天竹+银边大叶黄杨+小叶女贞+洒金东瀛珊瑚+连翘—沿阶草+麦冬
彭祖园 6 号样地	三角枫+黄山栾树+桂花+五针松+蜡梅+香樟+杏梅—八仙花+牡丹+绣线菊+杜鹃+海桐+红花檵木+小叶女贞+小蜡—毛地黄钟钓柳+火炬草+紫花地丁+大花金鸡菊+芍药+沿阶草+矮生百慕大
云龙公园 2 号样地	棕榈+紫叶李+木绣球—海桐+大叶黄杨+女贞+绣球花+银杏+桂花+鸡爪槭+洒金东瀛珊瑚+无刺枸骨+红叶石楠+海桐+红花檵木—麦冬—剑兰—爬山虎
珠山公园 5 号样地	黑松+夹竹桃—金森女贞+红花檵木+海桐+红叶石楠+连翘
珠山公园 7 号样地	水杉+旱柳+悬铃木+楝木—大叶黄杨+二月兰+红叶石楠—刚竹

（a）云龙公园 2 号　　　　　（b）八大关绿地 1 号　　　　（c）唐岛湾滨海公园 1 号

图 11-11　园路广场植物群落样地实景图

11.1.3.1　节约度与美景度均较高的案例：中山公园 1 号样地

中山公园 1 号样地位于青岛市中山公园西南，是由植物围合而成的健身场地，共有植物 22 种（见表 11-9、图 11-12、图 11-13）。植物长势良好，树冠丰满，基本无病虫害，生态性较高。植物层次丰富，高大挺拔的雪松和水杉丰富了林冠线，上、中、下层层次分明，植物空间利用率高，植被覆盖率高。林缘线则贴合弧形场地边缘，形成一个较为封闭的空间，为健身场地中休闲健身的人们提供了静谧的氛围。从群落外部向内观看，几乎看不到健身场地，植物茂盛且层次丰富，视线不通透，场地面积较大，较为空旷，中心孤植一棵鸡爪槭，使空间更加丰富。群落季相景观也十分突出，春季有开粉红色系花的日本晚樱、桃树，黄色的连翘和蓝色的鸢尾，红叶石楠也发出红色的新叶；夏季有开紫花的紫薇，粉红的锦带花；秋季色叶树种悬铃木叶片变金黄，鸡爪槭、红瑞木叶色鲜红；冬季常绿的雪松及下层常绿灌木保证了群落的繁茂，红瑞木冬季落叶，露出鲜红的茎，十分有特色；常年紫叶的紫叶李、紫叶小檗，金色叶的金叶女贞也给群落增添了稳定的色彩。

表 11-9　　　　　　　　　　中山公园 1 号样地植物群落分析

项　　目	内　　容
群落概况	群落面积：1906m^2 群落类型：针阔混交型 垂直结构：乔—灌—草 水平结构：混交式 空间类型：封闭 常绿落叶树种比：1：1.2 针叶阔叶树种比：1：3.4 乔灌草树种比：1：1．：0.25 乡土树种百分比：45.5% 耐旱性树种百分比：68.2%

续表

项　目	内　容
节约度评价	综合节约度评分：8.7996 等级：II 生态性评分：4.0988 节水性评分：1.238 节地性评分：0.4106 经济性评分：3.0522
美景度评价	美景度评分：134.07

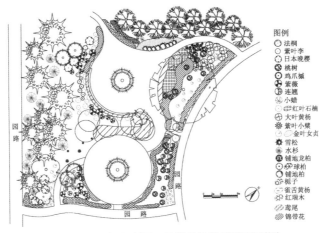

图 11-12　中山公园 1 号样地植物群落平面图

林内景观　　　　　　　　　　　　　　　　林外景观

图 11-13　中山公园 1 号样地植物群落实景照片

11.1.3.2　节约度与美景度均较低的案例：百花苑 4 号样地

百花苑 4 号样地为青岛百花苑名人雕塑纪念性广场，是该公园最具公共性和艺术魅力的开放空间，共有植物 11 种（见表 11-10、图 11-14、图 11-15）。广场

功能导向的节约型园林植物景观设计

雕塑景观是主体，是烘托城市人文景观的载体，植物则为该景观穿上了"衣裳"，为其增光添彩。该广场绿地覆盖率较低，尤其是乔灌木的覆盖度，广场周边几乎为纯草坪，植物配置多样性较低，节约度较差。广场中央花坛种植低矮灌木，广场周边几乎无乔木，视线较为开阔，但四季花坛的植物景观还有待完善。以大乔木雪松，配以球形花灌木组成一处植物组景。群落观花植物较为丰富，春花的二乔玉兰、贴梗海棠、连翘、石岩杜鹃、八仙花；夏花的鸢尾、锦带花，以及三季开花的月季。落叶树种比例也较高，季相明显。作为纪念性广场，应增加常绿树种的比例，以强调其流芳百世的象征意义。

表 11-10　　　　　　　　　　百花苑 4 号样地植物群落分析

项　　目	内　　容
群落概况	群落面积：908m^2 群落类型：针阔混交型 垂直结构：乔—灌—草 水平结构：混交式 空间类型：开敞 常绿落叶树种比：1：2.67 针叶阔叶树种比：1：4.5 乔灌草树种比：1：3.7：0.33 乡土树种百分比：46.7% 耐旱性树种百分比：66.7%
节约度评价	综合节约度评分：7.1553 等级：V 生态性评分：3.0759 节水性评分：0.6933 节地性评分：0.3340 经济性评分：3.0522
美景度评价	美景度评分：−144.62

（a）林外景观　　　　　　　　　　　　（b）林内景观

图 11-14　百花苑 4 号样地植物群落实景照片

134

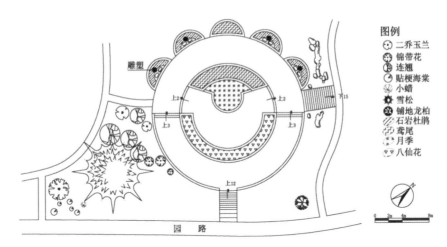

图 11-15 百花苑 4 号样地植物群落平面图

11.1.4 单纯植物配置的植物群落

单纯植物配置的植物群落是园林中单纯以植物为主，经过美学布局组成各种带有功能特征的空间环境，如开阔舒展的大草坪、封闭而宁静的密林等，按需要从主景的设置、植物的组合、空间的立意与要求、色彩与季相等方面进行设计，形式较为丰富与多样。青岛城市园林植物群落以乔—草复层结构为主，灌木、草本植物应用很少，尤其草本种类过于单一，群落结构较为简单，节约度上较为欠缺（见表 11-11、图 11-16）。乔木分支点高，林下空间极为开阔，栽植于空旷的草坪中，不配置或配置较少的灌木、草本植物，常形成纯林或混林与草坪搭配，冬季景观更显荒凉萧条。虽然群落结构简单，冬季较显萧条，但落叶树种与草坪结合、常绿针叶树种与草坪的搭配种植，形成较为开阔的空间，简单、幽静、朴实，使人身心得到放松，别有一番风味。偶尔点置景石，模拟青岛山海景观，特色十分鲜明。徐州城市园林植物景观层次丰富，错落有致，大多为乔—灌—草配置模式。植物群落物种丰富度及多样性高，配植整齐有序，种植空间得到了充分的利用，增加了单位面积的绿量，不仅整体景观效果好，还有着较好的观赏价值和生态价值，节约度较好，是植物景观设计中较为提倡的一种配置方式。美景度最高的是中山公园 6 号样地，节约度最高的是珠山公园 3 号样地。

表 11-11   单纯植物群落配置模式

样地编号	群落配置模式
青岛	
八大关绿地 1 号样地	刺槐 + 龙柏 + 麻栎 + 黑松 + 悬铃木 + 水杉 + 木瓜 + 朴树 + 短柄袍栎 + 日本晚樱 + 灯台树 + 榆 + 柏木 + 雪松 + 华山松 + 紫薇—连翘 + 紫荆 + 溲疏 + 女贞 + 白鹃梅 + 樱桃 + 桧柏 + 平枝枸子 + 贴梗海棠 + 火棘
李沧文化公园 3 号样地	垂柳 + 日本晚樱 + 紫薇 + 苦楝 + 桧柏 + 二乔玉兰 + 黄山栾树 + 黑松 + 国槐 + 五角枫 + 海棠 + 黄连木 + 臭椿—紫叶小檗 + 女贞 + 红叶石楠 + 石榴 + 迎春 + 龟甲冬青 + 月季 + 火棘 + 枳 + 女贞
八大关绿地 2 号样地	青朴 + 刺槐 + 榆树 + 杉木 + 白皮松 + 槲栎 + 鸡爪槭—红瑞木 + 红叶石楠 + 小蜡
中山公园 6 号样地	龙柏 + 二乔玉兰 + 杉木 + 黑松 + 白玉兰 + 水杉 + 朴树 + 贴梗海棠 + 雪松 + 望春玉兰 + 紫玉兰 + 紫叶李 + 榉 + 榔榆 + 圆柏 + 龙爪槐—紫玉兰 + 龟甲冬青 + 紫叶小檗 + 黄刺玫 + 铺地龙柏 + 大叶黄杨—沿阶草 + 麦冬
百花苑 1 号样地	国槐 + 朴树—贴梗海棠 + 八仙花 + 铺地龙柏 + 黄杨 + 圆柏—月季
百花苑 3 号样地	雪松 + 黑松 + 耐冬—孝顺竹
徐州	
珠山公园 3 号样地	香樟 + 杏 + 石楠 + 紫叶李 + 红枫 + 悬铃木—棣棠 + 紫荆 + 小丑火棘 + 海桐 + 结香 + 蜀桧 + 美国香柏 + 黄刺玫 + 大花六道木 + 红花檵木 + 八角金盘 + 金森女贞 + 南天竹 + 金边大叶黄杨 + 洒金东瀛珊瑚 + 连翘—麦冬
彭祖园 1 号样地	香樟 + 女贞 + 鸡爪槭 + 桂花 + 紫薇 + 朴树—红叶石楠 + 海桐 + 红花檵木 + 黄杨 + 南天竹 + 小叶女贞 + 杜鹃—麦冬 + 沿阶草 + 芒 + 吉祥草
快哉亭公园 3 号样地	毛白杨 + 国槐 + 梅花 + 石榴 + 五针松 + 红梅—海桐 + 红花檵木 + 龟甲冬青 + 贴梗海棠 + 枸骨 + 连翘 + 卫矛 + 南天竹 + 石楠 + 蜀桧 + 金森女贞 + 无刺枸骨 + 洒金东瀛珊瑚—麦冬 + 鸢尾
珠山公园 2 号样地	雪松 + 桂花 + 山楂 + 石楠 + 紫荆 + 紫叶李 + 银杏 + 贴梗海棠 + 鸡爪槭—棣棠 + 小蜡 + 珍珠梅 + 小叶女贞 + 红花檵木 + 红瑞木 + 南天竹 + 金边大叶黄杨 + 小蜡 + 大叶黄杨 + 红叶石楠 + 金边大叶黄杨 + 连翘 + 六月雪—沿阶草
东坡养生广场 2 号样地	柿树 + 石楠 + 桂花 + 木瓜 + 梅花 + 鸡爪槭 + 合欢 + 白蜡—大叶黄杨 + 金边黄杨 + 红叶石楠 + 海桐 + 金丝桃 + 迎春 + 金森女贞 + 洒金东瀛珊瑚 + 南天竹—芒
奎山公园 3 号样地	朴树 + 女贞 + 红枫 + 杞柳—绣线菊 + 红叶石楠 + 大叶黄杨 + 海桐 + 枸骨 + 小叶女贞 + 小蜡 + 水果篮 + 花叶女贞 + 亮叶忍冬 + 五味子 + 红花檵木—毛地黄钟钓柳 + 芒 + 火炬花 + 花叶芦竹 + 月见草 + 大花金鸡菊 + 大滨菊—花叶络石—刚竹
珠山公园 4 号样地	女贞 + 石楠 + 梅花 + 鸡爪槭 + 山楂 + 紫叶李 + 榉树 + 紫薇—腊梅 + 小叶女贞 + 小蜡 + 银姬小蜡 + 海桐 + 珍珠梅 + 红叶石楠 + 红花檵木 + 金森女贞 + 小叶女贞 + 迎春 + 金边大叶黄杨—三叶草 + 麦冬 + 吉祥草—长春藤
奎山公园 2 号样地	侧柏 + 朴树 + 石楠 + 桂花 + 香樟 + 鸡爪槭 + 梅花 + 女贞 + 白玉兰 + 榉树—黄杨 + 小叶女贞 + 小蜡 + 红花檵木 + 海桐 + 金边大叶黄杨 + 八角金盘 + 红叶石楠 + 洒金东瀛珊瑚—毛地黄钟钓柳 + 千叶兰 + 沿阶草 + 大花金鸡菊

样地编号	群落配置模式
东坡养生广场 1 号样地	黑松一水果篮+阔叶十大功劳+金边大叶黄杨+石楠+红花檵木+南天竹+银姬小蜡一天人菊+福禄考+八宝景天+玉簪+一叶兰+石竹+芒+麦冬
奎山公园 1 号样地	女贞+石楠+鸡爪槭+香樟一海桐+红花檵木+金森女贞+小叶女贞+金边大叶黄杨一剑麻+大吴风草+毛地黄钟钓柳+大花金鸡菊+沿阶草+金线蒲
珠山公园 8 号样地	女贞+石楠+鸡爪槭+日本五针松一海桐+大叶黄杨+红花檵木+小叶女贞+金森女贞+石楠+金边大叶黄杨+八角金盘+红叶石楠一麦冬
滨湖公园 1 号样地	泡桐+榉树+石楠+香樟+雪松+红枫+紫薇+石榴+桂花+女贞+木槿+元宝枫+银杏+柿子树一红花檵木+红叶石楠+金边黄杨+海桐+大花六道木+金边黄杨+金森女贞一亚菊+毛地黄钟钓柳+大花金鸡菊+观赏草+沿阶草+三叶草

（a）珠山公园 8 号   （b）奎山公园 3 号   （c）八大关绿地 2 号

图 11-16　单纯植物群落样地实景图

11.1.4.1　美景度最高的案例：中山公园 6 号样地

中山公园 6 号样地位于青岛中山公园玉兰大草坪区域，面积较大，有一定的地形变化，南部地势较高，北部较低，开阔而有气势（见表 11-12、图 11-17、图 11-18）。群落为一个单纯植物配置的空间，共有植物 23 种，植物种类较为丰富，物种多样性较高，但灌木草本应用较少，草坪面积较大，在节约度方面有所欠佳，树木高度与草坪宽度之比约为 1 : 6，显得辽阔而有气势。路南侧草坪的中心部分没有树木的栽植，形成了一个较为完整而整洁的空间，地形微微向南倾斜增高，南侧树木的立面形成了一个绿色屏障，冠幅较大，分支点高，形成覆盖式空间，配以花灌木，不同季节呈现出不同的色彩。春季木兰科植物花大、洁白或紫红，可赏性高，紫叶李、贴梗海棠也花开繁茂；夏季黄刺玫开黄花，朴树、榉树和榔榆等枝繁叶茂、冠幅大，遮荫效果好，适宜短暂避暑；秋季榉树、榔榆、水杉叶色变褐红，朴树叶色变黄；冬季黑松、雪松、龙柏、圆柏和匍地龙柏苍翠欲滴，四季景观效果较好。样地南侧边缘种植了不同种木兰科植物，如白玉兰、紫玉兰、二乔玉兰和望春玉兰，玉兰花大，与空旷的草坪相宜得当，不显突兀。路北侧草坪中心形成一处特色景观，以当地应用频率最高、滨海特色鲜明的黑松与景石的结合，植物群落虽不临海，却营造出青岛特色鲜明的山海景观。

表 11-12　　　　　　　中山公园 6 号样地植物群落分析

项　　目	内　　容
群落概况	群落面积：2303m² 群落类型：针阔混交型 垂直结构：乔—灌—草 水平结构：混交式 空间类型：开敞 + 覆盖 常绿落叶树种比：1 : 1.75 针叶阔叶树种比：1 : 2.29 乔灌草树种比：1 : 0.47 : 0.07 乡土树种百分比：39.1% 耐旱性树种百分比：52.2%
节约度评价	综合节约度评分：7.9503 等级：Ⅳ 生态性评分：4.0988 节水性评分：0.7428 节地性评分：0.3340 经济性评分：2.7747
美景度评价	美景度评分：198.49

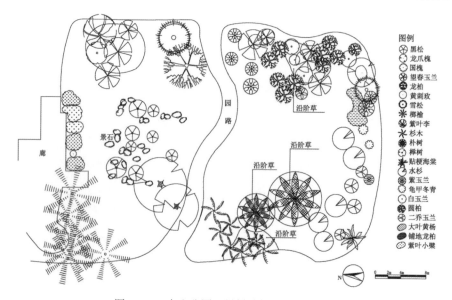

图 11-17　中山公园 6 号样地植物群落平面图

（a）林外景观　　　　　　　　　　　　（b）林内景观

图 11-18　中山公园 6 号样地植物群落实景照片

11.1.4.2　节约度最高的案例：珠山公园 3 号样地

珠山公园 3 号样地位于徐州珠山公园山体南侧，共有植物 23 种，植物种类丰富，生长繁茂，夏季形成覆盖式林荫空间（见表 11-13、图 11-19、图 11-20）。该群落植物配置模式为复层式，景观层次分明，上层植物有香樟、悬铃木、杏、红枫、紫叶李等，下层植物种类更加丰富，有棣棠、紫荆、小丑火棘、海桐、金边大叶黄杨、结香、黄刺玫等，地被为麦冬，整个群落植被覆盖率较高。运用了很多乡土树种和节水耐旱性树种，提高了植物群落的节约度。植物群落运用了大量的色叶与观花树种，四季叶色紫红的紫叶李；春季的红叶石楠，白色的杏花、小丑火棘花和海桐花，黄色的连翘花和黄刺玫花，粉红的紫荆花；夏季黄色的棣棠花；秋季悬铃木叶色金黄、红枫叶色鲜红；小丑火棘冬叶变红；春冬黄花的结香；群落季相色彩丰富。该群落四周植物生长也较为繁茂，空间较为封闭，营造了一种恬静而惬意的氛围。

表 11-13　　　　　　　　　　珠山公园 3 号样地植物群落分析

项　　目	内　　　容
群落概况	群落面积：125m² 群落类型：常绿落叶阔叶混交型 垂直结构：乔—灌—草 水平结构：混交式 空间类型：封闭 常绿落叶树种比：1∶0.77 针叶阔叶树种比：1∶10.5 乔灌草树种比：1∶3.4∶0.2 乡土树种百分比：47.8% 耐旱性树种百分比：60.9%

项　　目	内　　容
节约度评价	综合节约度评分：9.4339 等级：Ⅰ 生态性评分：4.0988 节水性评分：1.0399 节地性评分：0.4160 经济性评分：3.8846
美景度评价	美景度评分：48.22

（a）林外景观　　　　　　　　　　　　（b）林内景观

图 11-19　珠山公园 3 号样地植物群落实景照片

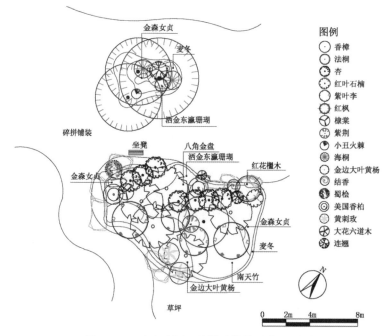

图 11-20　珠山公园 3 号样地植物群落平面图

11.2　青岛、徐州植物群落总体特色与形成机制研究

11.2.1　季相分明的南暖温带植物群落

青岛、徐州地带性植被均为落叶阔叶林，以落叶阔叶树种为主，在不同的季节呈现出不同的姿态，有较为明显的四季差异，景观效果丰富妙趣，常绿树种冬季则常常成为北方地区的焦点（见图 11-21）。青岛、徐州同处南暖温带，气候带相同，因而在气候特点、植物区系以及园林植物材料应用等方面存在着一定的相似性。从地理区位来看，徐州处于内陆地区，而青岛濒临海洋。从气候上看，徐州为大陆性季风气候，青岛则带有明显的海洋性气候。因此在植物分布的科属、种类方面还存在差异，这是形成各具特色的植物景观的基础。据统计，青岛共有植物种类 152 科 654 属 1237 种（含变种），其中 30 种以上的科有：菊科、蔷薇科、豆科、唇形花科、禾本科、百合科、莎草科等。徐州共有种子植物 130 科 486 属 850 种（含变种），其中种类较多的优势科依次为菊科、禾本科、豆科、蔷薇科、莎草科、十字花科、百合科、唇形花科、石竹科、玄参科、蓼科、毛茛科、榆科和伞形科。其中菊科、蔷薇科、豆科、禾本科、百合科、唇形花科等在两地均种类繁多。青岛受沿海台风、海雾海潮及冷空气影响，其滨海植物要求抗风御寒、耐干旱、耐盐碱，与徐州植物的构成有所区别，如雪松、龙柏、黄连木、朴树、刺槐、臭椿、白蜡等树种适应其滨海环境，应用频率较高。青岛、徐州均以热带和温带分布属占比最大，但在其具体比例上仍有区别，在徐州天然植物区系组成中，温带分布属占总属的 65.05%，其热带植物成分也占有较大比例，为 34.95%；青岛温带分布属占区系总属数的 61.29%，热带分布属占 20.65%，另外还有 9.03%的世界分布属和 9.03% 中国特有属。

（a）冬　　　　　　　　　　　　　　　　（b）夏

图 11-21　中山公园同一群落冬、夏植物景观季相变化

11.2.2 青岛植物群落特色与形成机制

11.2.2.1 充满异域风情的植物群落

青岛曾先后遭德、日、美入侵，几度沦为帝国主义殖民地，因此呈现出多元化的历史特色，具有浓郁的欧洲风格与一定的东洋风格。中国的审美传统是不讲究行道树的，而行道树在欧洲是现代城市不可或缺的一部分。青岛受殖民城市影响，行道树成为当地一种特有的"元素"，充满了异域风情（见图11-22），在19世纪末的城市规划中，还将行道树作为"礼仪设计"。八大关绿地中，每条路栽植特定的行道树，一步一景。悬铃木、刺槐、黑松及市树雪松等是十分有代表性的外来引进行道树树种，悬铃木常常形成绿荫街景，秋日金黄的叶子与欧式"红瓦黄墙"建筑相映衬，营造出了浓郁的"欧陆风情"。青岛旧道路是以槐为最初设计理念，干路两侧分出众多支路，因此栽植了很多刺槐，刺槐因其花的清脆可口与香甜，也十分受市民的喜爱，常常做槐花烙饼、下汤面、包子、饺子等，是青岛的风味小吃，青岛对其有特殊的感情，春夏之交槐树满树黄色的槐花，香气十足。

（a）嘉峪关路五角枫行道树　　　　　　　　（b）紫荆关路雪松行道树

图 11-22　异域风情植物群落

11.2.2.2 融入海洋文化的海滨植物群落

青岛是典型的滨海城市，三面环海，秋冬季节，由于沿海台风、海雾海潮及冷空气的影响，滨海植物需抗风御寒、耐干旱、耐盐碱，因此，适应其滨海生长的特殊植物形成了具有特色的海滨植物景观，有极强的代表性。黑松造型独特，四季常青，以天空大海为背景，树姿充分展现，黑松会沿海边礁石及风向自然生长，与山石海礁、沙滩水湾交织相间，形成异景奇观。除此之外，还有雪松、龙柏、黄连木、朴树、刺槐、臭椿、白蜡等树种也适应其滨海环境，应用频率较高。但滨海植物群落中灌木和地被植物的应用较为欠缺，层次单调。城市园林绿化中，还常常将海洋元素融入园林小品、铺装材料中，与植物群落共同营造海滨特色，如小青岛公园滨海园路一侧布置了贝壳雕塑，以黑松林为背景，使黑松群落更加活泼，增添了趣味。青岛水族馆花坛则运用了鹅卵石贴面，十分新颖（见图11-23）。

（a）栈桥公园黑松群落

（b）鲁迅公园黑松群落

（c）小青岛公园贝壳雕塑与黑松林

（d）青岛水族馆鹅卵石花坛

图 11-23　海滨植物群落

11.2.2.3　自然山林式植物群落

青岛为丘陵城市，地势东高西低，南北两侧隆起，中间低陷，山地面积约占总面积的 15.5%，拥有很多山头公园，是山地城市特有景观（见图11-24）。山头公园规模较小，混在住区中，植物种类较为单一，以温带落叶阔叶林为主，春夏季林木繁茂，形成覆盖型空间，植被覆盖率高，秋冬落叶，季相特征较为明显，但色彩较为单调。青岛山地公园土壤基本为黄色或褐色，土壤部分裸露，表现出一种原生性，但也会在一定程度上影响其节约度。常常以特殊的地形地貌，结合石体与植物营造山海特色。其植物通常是具有城市特色并与气候相适应的树种，如黑松、刺槐等，山地植物对改善生态环境、保持水土等方面有着重要意义。

（a）榉林公园山地植物景观　　　　　　　（b）青岛山公园山地植物景观

图 11-24　自然山林式植物群落

11.2.3　徐州植物群落特色与形成机制

11.2.3.1　历史文化浓郁的植物群落

徐州有着悠久的历史，文化底蕴深厚，是两汉历史文化的代表，其中楚汉文化与战争文化最为突出。徐州历史遗迹、人文古迹众多，历史文化对徐州园林的影响，表现在以文化为主题的公园，如纪念彭祖的彭祖园，通过名人雕塑与周围植物景观的搭配，洋溢出浓郁的历史气息。植物景观在具有历史文化内涵的建筑、构筑物、小品等方面配合其展现雄浑和古朴的蕴意，除了对色彩美和形式美的注重，更加善于营造具有意境的植物群落。园林植物与亭、台、楼阁等构成一幅古典人文与自然高度融合的山水画卷，再现了诗人笔下的诗境。在具有纪念性及历史氛围的公园绿地，善于运用具有文化内涵的植物，如杨树的惆怅伤感、柳树的依依惜别、杜鹃大无畏的牺牲精神、菊花的高风亮节、松柏的永恒与不畏严寒，古典韵味浓厚。群羊坡是汉代重要的自然景观，园林中以景石模拟羊群，散置于地被上，为景观赋予了浓厚的文化内涵（见图 11-25）。

（a）东坡养生广场 2 号   （b）泉山森林公园

图 11-25 地域文化浓郁的植物群落

11.2.3.2 山水园林背景的植物群落

    徐州既是历史文化名城，也是山水城市，城市园林建设中蕴含着中国传统哲学思想与山水文化。山为阳、水为阴，两者结合、阴阳协调，象征着自然的和谐。云龙湖为其赋予了特有的历史文化特色，并依托云龙湖为背景，依托山坡地形，在植物配置上相对偏向中国古代的自然式造园风格。中国山水画能够呈现出"咫尺千里"的广阔境界，这是独特的散点透视法的结果。徐州园林中应用该原理，在植物配置上更加注重依托山水为背景，运用借景手法，善于营造较为精致的园林植物景观，植物群落层次较为丰富，更加注重植物色彩的搭配，假山的应用也较多，与植物相组合配置（见图 11-26）。

（a）珠山公园   （b）珠山公园水下通道

图 11-26 山水园林背景的植物群落

11.3 青岛、徐州植物群落优化模式研究

通过对青岛、徐州城市园林植物群落的节约度评价及美景度评价，选取节约度与美景度评分较高的植物群落，这些群落已具备较高的节约度和美学质量，以此为基础，将其科学地演绎运用于南暖温带各类群落类型中，以得到针对不同类型植物群落的优化配置模式。南暖温带东部沿海以抗风御寒、耐干旱、耐盐碱的滨海植物为主，结合山地乡土植物；南部内陆以山水园林为背景，多运用乡土植物自然式配置。

11.3.1 基本模式物种选择

结合节约度为 I 级的植物群落中出现的乔木、灌木、草藤本，以及重要值较高的树种、乡土树种等，作为基本模式树种。

乔木层：黑松、刺槐、朴树、雪松、水杉、龙柏、垂柳、日本晚樱、日本樱花、悬铃木、紫薇、女贞、毛白杨、桂花、鸡爪槭、石楠、香樟、石榴、紫叶李、广玉兰、三角槭、碧桃、黄连木、苦楝、榉树、红枫、蒙古栎、刺楸、金银木、灯台树、枇杷、苹果、杜梨、木瓜、榔榆、桃、龙爪槐、火炬树。

灌木层：大叶黄杨、红叶石楠、连翘、铺地龙柏、紫叶小檗、紫荆、金叶女贞、海桐、溲疏、山茶、石楠、金森女贞、金边大叶黄杨、八角金盘、红花檵木、小叶女贞、洒金东瀛珊瑚、南天竹、木槿、杜鹃、小蜡、迎夏、枸骨、棣棠、结香、红瑞木、贴梗海棠、火棘、平枝荀子、锦鸡儿、决明、扁担木、金银花、金边扶芳藤。

草本层：沿阶草、吉祥草、麦冬、月季、络石、爬山虎、常春藤剑兰、紫花地丁、八宝景天、玉簪、鸢尾、波斯菊、孔雀草、二月兰、大花金鸡菊、细叶芒、蜀葵。

11.3.2 基本模式构建

11.3.2.1 与水体配置的植物群落模式

与水体配置的植物群落优化构建方案见表 11-14。

表 11-14   与水体配置的植物群落优化构建方案

群落指标	配置要求与优化模式
物种组成	Shannon-Wienner 指数＞1.8 常绿树种：落叶树种（种类比）≈1：1.7 乡土树种比例＞45% 耐旱性树种比例＞70%
水平结构	混交式、纯林式
垂直结构	乔木：灌木（种类比）≈1：0.8
空间类型	封闭空间、半开敞空间、覆盖空间
配置模式	（1）水杉＋女贞＋悬铃木＋枇杷＋苹果＋杜梨—木槿＋迎夏＋金森女贞＋红叶石楠＋连翘 （2）鸡爪槭＋桂花＋女贞＋香樟＋朴树＋广玉兰＋石楠—洒金东瀛珊瑚＋红花檵木＋海桐＋红叶石楠＋八角金盘＋杜鹃＋黄杨＋小蜡＋罗汉松＋小叶女贞＋马甲子 （3）旱柳＋棕榈＋香樟＋女贞＋圆柏＋绣球花＋海棠＋大青杨＋杜仲—红叶石楠＋大叶黄杨＋火棘＋金森女贞＋枸骨＋海桐＋连翘—麦冬＋剑兰 （4）黑松—火棘＋大叶黄杨＋圆柏＋连翘＋山茶＋珊瑚树＋海桐＋红叶石楠—羽衣甘蓝＋沿阶草＋月季＋凤尾兰＋白三叶—爬山虎＋络石 （5雪松＋流苏树＋朴树＋国槐＋女贞＋紫叶李＋日本晚樱＋悬铃木＋白毛杨＋柏木＋紫薇＋水杉＋杜仲＋臭椿＋垂柳＋龙爪槐＋碧桃—迎春＋蚊母树＋紫荆＋紫叶小檗＋石楠＋金叶女贞＋火棘＋龟甲冬青＋小叶黄杨＋雀舌黄杨＋连翘＋扁担木—常春藤 （6）旱柳＋桂花＋女贞＋鸡爪槭＋紫薇＋小蜡＋杞柳＋朴树＋桃树＋乌桕—红花檵木＋小蜡＋红叶石楠＋海桐＋木芙蓉＋迎春＋大叶黄杨＋连翘＋小叶女贞＋海桐—沿阶草＋水生鸢尾＋睡莲＋泽泻＋香蒲

11.3.2.2　与建筑小品配置的植物群落模式

与建筑小品配置的植物群落优化构建方案见表 11-15。

表 11-15   与建筑小品配置的植物群落优化构建方案

群落指标	配置要求与优化模式
物种组成	Shannon-Wienner 指数＞2.4 常绿树种：落叶树种（种类比）≈1：0.7 乡土树种比例＞64% 耐旱性树种比例＞52%
水平结构	混交式
垂直结构	乔木：灌木（种类比）≈1：1.1
空间类型	开敞空间、半开敞空间、覆盖空间

续表

群落指标	配置要求与优化模式
配置模式	（1）朴树＋三角枫＋石榴＋女贞＋桂花＋鸡爪槭＋紫薇—石楠＋枸骨＋海桐＋小叶女贞＋连翘＋红花檵木＋杜鹃＋洒金东瀛珊瑚—沿阶草＋吉祥草＋石竹＋月见草 （2）朴树＋龙柏＋蒙古栎＋黑松＋刺楸＋樱花＋日本晚樱＋金银木＋灯台树＋拓树＋山皂荚—女贞＋大叶黄杨＋山茶＋海桐＋石楠＋碧桃＋紫藤＋铺地龙柏—吉祥草＋火炬花＋南蛇藤＋孝顺竹 （3）木绣球＋龙爪槐＋桂花＋榆树＋女贞—蜀桧＋牡丹＋红叶石楠＋八角金盘＋南天竹＋结香＋枸杞＋栀子＋海桐—鸢尾＋麦冬＋八宝景天—爬山虎 （4）水杉＋柏木＋龙柏＋元宝枫＋黄山栾树＋木瓜＋黑松＋女贞＋日本樱花＋杜仲＋广玉兰—山茶＋连翘＋金边大叶黄杨＋紫叶小檗＋火棘＋木槿＋龟甲冬青—吉祥草＋紫花地丁 （5）刺槐＋桃＋短柄袍栎＋元宝槭＋龙柏＋紫薇—大叶黄杨＋砂地柏＋溲疏＋锦带花＋金叶女贞—麦冬＋常春藤

11.3.2.3　与园路广场配置的植物群落模式

与园路广场配置的植物群落优化构建方案见表 11-16。

表 11-16　　　　　　　与园路广场配置的植物群落优化构建方案

群落指标	配置要求与优化模式
物种组成	Shannon-Wienner 指数＞ 2.7 常绿树种：落叶树种（种类比）≈ 1∶1.2 乡土树种比例＞ 45% 耐旱性树种比例＞ 68%
水平结构	混交式
垂直结构	乔木：灌木（种类比）≈ 1∶1.5
空间类型	封闭空间、半开敞空间、覆盖空间
配置模式	水杉＋雪松＋悬铃木＋紫薇＋桃＋日本晚樱＋鸡爪槭—黄杨＋铺地龙柏＋红瑞木＋红叶石楠＋铺地柏＋金叶女贞＋栀子＋小蜡＋紫丁香＋球柏＋连翘＋金叶女贞＋紫叶小檗＋雀舌黄杨—鸢尾＋沿阶草 黑松＋雪松＋喜树＋梧桐＋紫薇＋圆柏—铺地龙柏＋溲疏＋铅笔柏—麦冬＋彩叶草＋紫花地丁 三角枫＋黄山栾树＋石楠＋五针松＋蜡梅＋香樟＋杏梅—八仙花＋牡丹＋绣线菊＋杜鹃＋海桐＋红花檵木＋小叶女贞＋小蜡—二月兰＋火炬花＋紫花地丁＋大花金鸡菊＋沿阶草＋八宝景天 女贞＋石楠＋旱柳＋三角枫＋垂丝海棠＋红枫＋木绣球＋鸡爪槭＋紫薇—棣棠＋红叶石楠＋瓜子黄杨＋金边大叶黄杨＋小叶女贞＋大叶黄杨＋金森女贞＋红花檵木＋南天竹＋银边大叶黄杨＋小叶女贞＋洒金东瀛珊瑚＋连翘—沿阶草＋麦冬＋玉簪 雪松＋毛白杨＋女贞＋黄连木＋刺槐＋白蜡＋无患子＋琼花＋鸡爪槭＋日本晚樱＋日本樱花—八角金盘＋红花檵木＋红叶石楠＋琼花—麦冬＋吉祥草＋二月兰

11.3.2.4 单纯植物配置的植物群落模式

单纯植物配置的植物群落优化构建方案见表 11-17。

表 11-17　　　　　　　　　　单纯植物配置的植物群落优化构建方案

群落指标	配置要求与优化模式
物种组成	Shannon-Wienner 指数＞2.8 常绿树种：落叶树种（种类比）≈1：0.8 乡土树种比例＞47% 耐旱性树种比例＞60%
水平结构	混交式
垂直结构	乔木：灌木（种类比）≈1：3
空间类型	封闭空间、半开敞空间、开敞空间、覆盖空间
配置模式	（1）香樟＋杏＋石楠＋紫叶李＋红枫＋悬铃木—棣棠＋紫荆＋小丑火棘＋海桐＋结香＋蜀桧＋美国香柏＋黄刺玫＋大花六道木＋红花檵木＋八角金盘＋金森女贞＋南天竹＋金边大叶黄杨＋洒金东瀛珊瑚＋连翘—麦冬 （2）龙柏＋二乔玉兰＋黑松＋白玉兰＋水杉＋朴树＋贴梗海棠＋雪松＋望春玉兰＋紫玉兰＋红枫＋榉＋榔榆＋圆柏＋龙爪槐—紫玉兰＋栀子＋紫叶小檗＋黄刺玫＋铺地龙柏＋大叶黄杨—沿阶草＋麦冬 （3）刺槐＋龙柏＋麻栎＋黑松＋悬铃木＋水杉＋木瓜＋朴树＋短柄袍栎＋日本晚樱＋灯台树＋榆＋柏木＋雪松＋华山松＋紫薇—连翘＋紫荆＋溲疏＋女贞＋白鹃梅＋樱桃＋桧柏＋平枝枸子＋贴梗海棠＋火棘—玉簪＋常春藤＋矮牵牛 （4）香樟＋女贞＋鸡爪槭＋桂花＋紫薇＋朴树—红叶石楠＋海桐＋木槿＋黄杨＋南天竹＋小叶女贞＋杜鹃—麦冬＋沿阶草＋芒＋萱草＋五叶地锦 （5）朴树＋女贞＋红枫＋杞柳＋石楠＋圆柏—绣线菊＋红叶石楠＋大叶黄杨＋海桐＋枸骨＋小叶女贞＋小蜡＋水果篮＋花叶女贞＋亮叶忍冬＋五味子＋红花檵木—毛地黄钟钓柳＋芒＋火炬花＋花叶芦竹＋月见草＋大花金鸡菊＋大滨菊—花叶络石—刚竹

12

结论与讨论

12.1 结　　论

本篇以风景园林学、景观美学、植物景观规划设计理论和植物群落设计理论为指导，以收集青岛、徐州及南暖温带的资料为基础，通过对青岛、徐州城市园林植物群落的实地调查，选择青岛与徐州发展较为成熟的 18 块园林绿地，共计 60 个植物群落为研究对象，对两地园林植物景观进行现状调查分析，对其节约度与美景度进行科学评价，并归纳总结其特色与形成机制、针对不同类型植物群落提出优化模式。

1. 青岛、徐州城市园林植物群落特征研究

青岛植物分属于 46 科 87 属，共 133 种，徐州植物分属于 60 科 112 属，共 153 种，都以落叶树种为主，青岛常绿、落叶树种比为 1∶1.5098，徐州 1∶1.3016，具有较为明显的四季差异。青岛重要值最高的乔木为：黑松、刺槐、朴树；灌木为：大叶黄杨、红叶石楠、铺地龙柏。徐州重要值最高的乔木为：桂花、女贞、鸡爪槭；灌木为：红叶石楠、金森女贞、海桐。两地乡土植物比例均超过 45%，温带性科优势明显，热带、亚热带成分较为丰富，反映了该区系的过渡性特点，主要与两地均处南暖温带地区有关，蔷薇科作为北半球温带分布最广的科，在两地均超过 20 种，优势明显，其他应用较多的还有木犀科、豆科、忍冬科和槭树科等。青岛群落多样性指数与均匀度指数为乔木层＜灌木层，但差异不大，上层与中层丰富度差异不大；徐州为灌木层＜乔木层。青岛草本植物运用较少，在设计上具有较大的潜力。青岛、徐州群落可分为针阔混交型、常绿针叶型、落叶阔叶型、常绿落叶阔叶混交型，落叶阔叶型为两地地带性群落类型，但过渡性植被类型针

阔混交型、常绿落叶阔叶混交型在植物群落构成上占有很大比例，青岛以针阔混交型为主，徐州以常绿落叶阔叶混交型为主，地带性植被类型落叶阔叶型不占优势，说明植物群落的构建不能仅考虑地带性植被特点，还必须服务于城市所处环境和其功能要求。两地均以乔—灌—草型为主，这种复合式群落结构在生态效益与景观效果上都更佳。空间上，两地均以半开敞空间为主，覆盖空间的运用也较多。

2. 青岛、徐州城市园林植物群落节约度评价

在群落调查的基础上，邀请专家参与构建青岛、徐州城市园林植物群落节约度评价体系，确定指标权重，采用 AHP 法对两地 60 个植物群落进行评价。本研究从生态性、节水性、节地性、经济性四个方面综合考量植物群落节约度，并细化成 9 个评价因子：物种丰富度、物种多样性、生长状况、耐旱性、用水量、层次丰富度、立体绿化、乡土性、养护成本。评价结果表明，节约度等级为 I 的群落共 7 个，仅占总数的 12%，综合节约度等级为 V 的群落有 11 个，占 18%，综合节约度等级大多集中在 II、III、IV，IV 的群落最多，说明青岛与徐州在植物群落节约度上还存在很大的提升与优化空间。综合节约度最高的 3 个群落为彭祖园 5 号样地、小青岛公园 1 号样地、珠山公园 3 号样地。整体上来说，植物群落生态性与经济性分值随群落等级的升高而普遍升高；节地性分值较为均匀地分布在各个等级群落中，其对植物群落节约度影响相对较小；节水性对节约度的影响也较小，整体节约度高的群落其节水性均较高，但节水性高的群落其整体节约度不一定高。因子层上，物种数目、物种多样性、乡土性对两地植物群落节约度影响大；生长状况、层次丰富度、养护成本、耐旱性、节水性影响较小；立体绿化影响最小，主要由于立体绿化受绿化场地限制。群落类型上，常绿落叶阔叶混交型群落在综合节约度上评分最高，能更高效充分利用生态资源，在园林中应注重常绿落叶树种的搭配，注重该类型植物群落的运用。

3. 青岛、徐州城市园林植物群落美景度评价

在美学评价理论和群落调查的基础上，利用 SBE 法对 60 个群落进行美景度评价。研究结果表明，美景度最高的 3 个群落为中山公园 6 号样地、李沧文化公园 2 号样地、云龙公园 3 号样地。评价结果显示不同性别、不同学历、不同年龄、不同专业的人群在审美评价方面表现出显著一致性，其中男性与女性相关系数达到 0.9 以上，相关性极高，性别所带来的审美差异十分小。从植物群落结构来看，SBE 平均值排序为：混交式＞纯林式，乔—灌—草＞乔—灌＞乔，植物群落物种多样性越高、群落层次越丰富，美景度越高；从植物群落空间类型来看，SBE 平

均值排序为：封闭＞半开敞＞开敞＋覆盖＞半开敞＋覆盖＞开敞＞封闭＋覆盖，群落空间过于空旷或压抑，都会影响其美景度，因此要控制群落空间达到人们最舒适的状态。

4．不同类型植物群落特色及典型案例研究

根据与植物配置的造园要素分类，本研究分别对与水体配置的植物群落、与建筑小品配置的植物群落、与园路广场配置的植物群落、单纯植物配置的群落4种植物群落类型进行分析与总结。不同类型植物群落在节约度和美景度上均有一定差异，与水体配置的植物群落在美景度和综合节约度上均表现最优，其生态性、节水性与经济性方面都较为突出，选择了更多的耐旱性树种与乡土植物。单纯植物配置的群落以其丰富的植物种类、较高的物种多样性和植物良好的健康状况在生态性上最优，由于其更多地运用了造型植物与形态优美的植物，养护管理成本较高，经济性上表现最差。与建筑小品及园路广场配置的植物群落在生态性上稍显欠缺。美景度上，植物群落层次结构复杂、生长状况良好、季相变化丰富的植物群落其美景度方面更为突出，与水亲近的植物群落普遍高于陆地植物群落，其中与园路广场配置的植物群落美景度最低。评价结果表明，珠山公园6号、彭祖园5号、中山公园1号、中山公园6号、珠山公园3号等植物群落具有较高的科学性与艺术性，节约度优良，为两地的植物配置提供了借鉴。

5．青岛、徐州城市园林植物群落特色与优化模式研究

青岛与徐州同处于南暖温带，在气候特点、植物区系及园林植物材料应用等方面有一定的相似性，均以落叶树种为主，植物群落季相分明。但在具体的地理位置、气候、地形等方面仍存在差异，加之历史文化等人文因素的影响，呈现出具有特色的地域性植物群落。气候条件影响着植物的种类和生长状况；地形对植物材料的选用和分布也有一定影响，还直接影响着植物形成的空间特征。任何一个地区植物群落的构建还常常与一定文化相依托。这些都影响了一个地区城市园林植物群落的特色。研究总结出的青岛与徐州两地植物群落特色如下。

青岛城市园林植物群落特色：①充满异域风情的植物群落；②融入海洋文化的海滨植物群落；③自然山林式植物群落。

徐州城市园林植物群落特色：①地域文化浓郁的植物群落；②山水园林背景的植物群落。

本研究以节约度与美景度均较高的植物群落为基础，构建南暖温带城市园林植物群落配置模式，并针对不同的群落类型演绎出不同的配置模式。

12.2 讨　论

12.2.1 创新点

（1）风景园林既是科学也是艺术，本研究创新性地将节约度评价与美景度评价相结合，运用层次分析法（AHP）和美景度评价法（SBE），从科学性与艺术性两方面对园林植物群落进行研究，旨在营造既结构合理、节约稳定、生态效益高的植物群落，又具有地域特色、效果优美的植物景观。

（2）植物群落的研究领域往往多偏向于对"树种""植被""地带性"的研究，对"时间""空间"的研究较少。本研究对城市园林植物群落的空间结构及季相变化等进行了研究，弥补了青岛与徐州城市园林植物群落在"时间"与"空间"上的研究空白，为南暖温带城市园林构建景观优美与人性化的绿色空间提供了借鉴。

（3）本研究在城市园林植物群落调查、节约度与美景度评价的基础上，将其优秀的群落案例科学演绎到南暖温带城市园林植物群落构建中，首次针对不同类型的植物群落提出优化的配置模式，为南暖温带城市园林植物群落的构建提供了重要的参考价值。

12.2.2 研究展望

我国城市园林植物群落节约度与美景度评价的研究还处于起步阶段，有待进一步的深入研究。节约度评价中涉及了多因素、多指标，构建出的 AHP 评价体系会因为研究深度与广度的限制及专家的差异而形成一定差异，其因素与指标不能全面和完备，指标权重也会有所差异，只能选择一些基本的和便于量化的，并能突出反映植物群落节约度的指标，因此未能做到全面量化。在对植物群落进行美景度评价时，虽然尽量保证天气、拍摄角度等客观因素的相同，但在拍摄水平和构图等方面很难保证完全一致，会影响评判者的评判，由于照片的限制，评判者也无法完全感知群落空间，一定程度上会影响评价的客观准确性。随着计算机技术及全景图像技术的发展和应用，此问题将会得到解决。此外，地域性植物群落的构建是打破"千城一面"的重要手段，在营造节约度高、风景优美的植物群落的基础上，营造地域性的植物群落也是今后研究的一个方向，为城市植物群落增添个性与文化内涵。

附　　录

附录 A　植物群落调查表

公园名称：　　　　　编号：　　　　　　面积：　　　　日期：

生境条件：　　　　　　　　　　　　位置：

植物类型	植物名称	数量（株/丛）	胸径/地径（cm）	冠幅/丛幅（m）	高度（m）			枝下高（m）	生长势	病虫害	附注
					最高	一般	最低				
乔木											
灌木											
草本											
藤本											
竹类											

附录 B 天津调查公园样地内植物种类汇总表

序号	中文名	拉丁名	科名	属名	生态习性	观赏特性及园林用途
				乔木类		
1	绿毛白蜡	Fraxinus velutina	木犀科	梣属	喜光，对霜冻较敏感。喜深厚疏松肥沃湿润的土壤	形体端正，树干通直；作行道树、庭院树、公园树和造荫树
2	白皮松	Pinus bungeana	松科	松属	喜光、耐瘠薄、耐干冷	树姿优美，树皮奇特；孤植、对植、丛植成林，作行道树
3	侧柏	Platycladus orientalis	柏科	侧柏属	喜光，适应性强，萌芽能力强，抗风能力较弱	作庭园树，也可点缀配植在山石旁
4	臭椿	Ailanthus altissima	苦木科	臭椿属	阳性，耐干旱贫瘠，抗污染	树干通直高大，秋季红果满树；观赏树、行道树，工矿区绿化
5	刺柏	Juniperus formosana	柏科	刺柏属	喜光、耐寒、耐旱	树形优美；可配植、丛植、带植、点缀树，水土保持的造林树种
6	刺槐	Robinia pseudoacacia	豆科	刺槐属	喜光，不耐庇荫。萌芽力和根蘖性强，抗风性差	树冠高大，叶色鲜绿；行道树、工矿区绿化
7	豆梨	Pyrus calleryana	蔷薇科	梨属	喜光，稍耐荫，不耐寒，耐干旱，瘠薄	树冠整齐；公园树
8	杜仲	Eucommia ulmoides	杜仲科	杜仲属	喜温暖湿润，阳光充足，耐严寒	树体高大，树干端直；庭荫树、行道树、园林造景
9	构树	Broussonetia papyrifera	桑科	构属	喜光，适应性强，耐烟尘	枝叶茂密；荒滩、偏僻地带及污染严重的工厂绿化，行道树
10	国槐	Sophora japonica	豆科	槐属	喜光，稍耐荫，抗风，耐干旱	枝叶茂密，绿荫如盖；行道树、庭荫树、工矿区绿化
11	海棠	Malus spectabilis	蔷薇科	苹果属	喜阳光，不耐阴，忌水湿	花姿潇洒，花开似锦；行道树、矿区绿化

续表

序号	中文名	拉丁名	科名	属名	生态习性	观赏特性及园林用途
12	旱柳	Salix matsudana	杨柳科	柳属	喜光、耐寒、抗风能力强，易繁殖	枝条柔软，树冠丰满；庭荫树、行道树，或孤植于草坪
13	合欢	Albizia julibrissin	豆科	合欢属	喜光，不择土壤，适应性广，耐干旱贫瘠	树冠开阔，叶形雅致；园景树、行道树，工厂、生态保护绿化
14	核桃	Juglans regia	胡桃科	胡桃属	喜光、耐寒、抗旱、抗病能力强	树冠开展，魁伟美观；庭荫树、行道树
15	黑松	Pinus thunbergii	松科	松属	喜光，耐干旱瘠薄，不耐水涝，不耐寒	姿态雄壮、高亢壮丽；行道树、海岸树种，盆景
16	红皮云杉	Picea koraiensis	松科	云杉属	较耐荫、耐寒，也耐干旱	树姿端庄，盆景，可用于室内观赏
17	红松	Pinus koraiensis	松科	松属	喜光，对大气湿度较为敏感	姿态雄壮、端庄；庭荫树、行道树，风景林，马路绿化、景园绿化
18	红叶李	Prunus cerasifera 'Pissardii'	蔷薇科	李属	喜光，易稍耐荫，耐寒力不强，较抗旱	叶常年紫红色，著名观叶树种、行道树，孤植、群植皆宜
19	黄金槐	Sophora japonlca 'cuchlnensis'	豆科	槐属	耐旱、耐寒、耐盐碱、耐瘠薄	树形自然开张，树态苍劲挺拔；水土固沙树种、园林造景
20	黄连木	Pistacia chinensis	漆树科	黄连木属	喜光，喜温暖，耐干旱瘠薄，抗风力强，萌芽力强	树冠浑圆，枝叶秀丽；庭荫树、行道树，或与山石等配植
21	黄栌	Cotinus coggygria	漆树科	黄栌属	喜光，耐寒，性强	叶片鲜艳美丽；为主要红叶观赏树种，宜群植成景
22	火炬树	Rhus typhina	漆树科	盐肤木属	喜光、耐寒、耐水湿、耐盐碱，萌蘖性强	秋后树叶变红，十分壮观；可做防火、固沙，荒山恢复、护坡，保持水土树种
23	榉树	Zelkova serrata	榆科	榉属	阳性，抗风力强，不耐干旱和贫瘠，忌积水	树姿端庄，秋叶褐红色；独赏树、庭荫树，风景林、行道树

续表

序号	中文名	拉丁名	科名	属名	生态习性	观赏特性及园林用途
24	白梨	*Pyrus bretschneideri*	蔷薇科	梨属	喜光、喜温	花开时满树雪白，观赏结合生产树种，群植或丛植
25	李子	*Prunus salicina*	蔷薇科	李属	适应性强、生长迅速	可种植于公园中果树区，或与其他树种混植
26	柳树	*Salix babylonica*	杨柳科	柳属	喜光、喜湿、耐寒	最宜配植在水边，庭荫树、行道树，工厂绿化，固堤护岸树种
27	龙柏	*Sabina chinensis*	柏科	圆柏属	喜阳、稍耐阴、抗寒、抗干旱	树形优美，枝叶青翠；公园绿化，公路中央隔离带
28	龙桑树	*Morusalba Tortuosa*	桑科	桑属	喜光、喜温暖、湿润	枝条扭曲似游龙，孤植观赏宜孤植
29	龙爪槐	*Sophora japonica* 'pendula'	豆科	槐属	喜光、稍耐阴、抗风力强、萌芽力亦强	姿态优美、独特、庭荫树、道旁树、独赏树
30	栾树	*Koelreuteria paniculata.*	无患子科	栾树属	喜光、耐寒、不耐水淹、抗风能力较强	树形端正，枝叶茂密；庭荫树、行道树，工业污染区配植
31	馒头柳	*Salix matsudana* 'umbraculifera'	杨柳科	柳属	阳性，耐污染、速生、耐寒、耐湿	庭荫树、行道树、护岸树，常作街路树观赏，可孤植、丛植及列植
32	毛白杨	*Populus tomentosa*	杨柳科	杨属	强阳性树种，喜凉爽湿润气候	姿态雄伟，叶大荫浓；行道树、园路树，庭荫树，工矿区绿化
33	女贞	*Ligustrum lucidum*	木犀科	女贞属	喜光耐阴、耐寒、耐水湿、耐修剪、不耐瘠薄	枝叶茂密、树形整齐；孤植、丛植；绿篱、绿墙，道树；行道树
34	泡桐	*Paulownia tomentosa*	玄参科	泡桐属	喜光、生长速度快	速生树种；绿化行道树种
35	苹果	*Malus domestica*	蔷薇科	苹果属	喜光、喜微酸性到中性土壤	姿态优美，有较高的观赏价值
36	日本晚樱	*Prunus serrulata* 'lannesiana'	蔷薇科	樱属	喜阳光、耐寒性一般	盛开时繁花似锦；群植最佳，以绿树相配

续表

序号	中文名	拉丁名	科名	属名	生态习性	观赏特性及园林用途
37	桑树	*Morus alba*	桑科	桑属	喜光、耐寒、适应性强	树冠丰满，枝叶茂密；孤植作庭荫树
38	山楂	*Crataegus pinnatifida*	蔷薇科	山楂属	喜光、耐荫、适应性强	树冠整齐，枝叶繁茂；观赏树，庭院绿化
39	石榴	*Punica granatum*	石榴科	石榴属	阳性，耐干旱贫瘠、耐寒，不耐劳和荫蔽	观果树种；丛植、对植、独赏树，行道树，桩景
40	石楠	*Photinia serrulata*	蔷薇科	石楠属	喜光稍耐荫，深根性，较耐寒，耐修剪	圆形树冠，叶丛浓密。庭荫树，绿篱，孤植，基础栽植均可
41	柿树	*Diospyros kaki*	柿科	柿属	阳性，深根性，耐干旱贫瘠，不耐盐碱土，较耐寒，较耐盐碱土	观果树种；工矿区绿化，行道、独赏树
42	丝棉木	*Euonymus maackii*	卫矛科	卫矛属	喜光，稍耐荫、耐寒、抗风，根蘖萌发力强	枝叶娟秀细致，姿态幽丽；庭荫树，边绿化，水
43	糖槭	*Acer saccharum*	槭树科	槭属	喜光，喜凉爽、湿润环境，不抗污染、干旱	色彩艳丽，树冠浓密；庭院点缀，盆栽观赏
44	桃	*Amygdalus persica*	蔷薇科	桃属	喜阳光、耐干、不耐潮湿	庭园观赏树种；盆栽观赏
45	梧桐	*Firmiana platanifolia*	梧桐科	梧桐属	喜温暖湿润气候，劳力弱，不抗强风	庭园观赏树种，行道树
46	五角枫	*Acer mono*	槭树科	槭属	稍耐阴，萌染性强	树姿优美，叶色多变；城乡优良的绿化树种
47	香椿	*Toona sinensis*	楝科	香椿属	喜光，较耐湿	树干通直，树冠开阔；庭荫树，行道树
48	杏树	*Armeniaca vulgaris*	蔷薇科	杏属	喜光、耐旱、抗寒、抗风，适应性强	可与苍松、翠柏配植于池旁湖畔或植于山石崖边，庭院堂前
49	悬铃木	*Platanus acerifolia*	悬铃木科	悬铃木属	喜光，喜湿润温暖气候，较耐寒	树形雄伟，枝叶茂密；庭荫树，行道树
50	雪松	*Cedrus deodara*	松科	雪松属	喜阳，稍耐阴，气候适应性广，浅根性	著名庭园观赏树种；独赏树，对植于入口，列植成甬道

续表

序号	中文名	拉丁名	科名	属名	生态习性	观赏特性及园林用途
51	一球悬铃木	*Platanus occidentalis*	悬铃木科	悬铃木属	喜温暖湿润气候，阳性速生树种，抗性强	著名的优良庭荫树和行道树，工矿区绿化
52	银杏	*Ginkgo biloba*	银杏科	银杏属	适生于水热条件较优越的亚热带季风区，初期生长较慢，蒙蘖性强	优良的行道树，风景树，可群植、丛植或点缀成景
53	樱花	*Prunus serrulata*	蔷薇科	樱属	喜阳，喜温暖湿润，抗风性弱	花色鲜艳，枝叶繁茂；可群植或点缀成景、行道树、绿篱、盆景
54	榆树	*Ulmus pumila*	榆科	榆属	喜光、耐旱、耐寒、耐瘠薄，抗风力强	树干通直，树形高大；行道树、庭荫树、防护林、盆景
55	意杨	*Populus euramevicana*	杨柳科	杨属	阳性树种，喜温暖、湿润、肥沃，深厚的沙质土	宜作防风林、绿荫树、行道树，也可在植物配置时与慢生树混栽
56	元宝枫	*Acer truncatum*	漆树科	漆树属	耐阴，喜温凉湿润气候，耐寒性强	冠大荫浓，叶形美丽；庭荫树、行道树
57	圆柏	*Sabina chinensis*	柏科	圆柏属	中性、较耐荫、耐寒、耐修剪	姿态古朴；独赏树，作绿篱，营造防风林
58	皂荚树	*Gleditsia sinensis*	豆科	皂荚属	喜光而稍耐荫，喜温暖湿润	冠大荫浓；庭荫树
59	梓树	*Catalpa ovata*	紫葳科	梓属	喜温暖、也耐寒、不耐干旱瘠薄	叶大荫浓；行道树、庭荫树以及工厂绿化树种
60	樟子松	*Pinus sylvestris*	松科	松属	喜光、耐寒、寿命长	树干美观；庭园观赏；固沙造林树种
61	紫荆	*Cercis chinensis*	豆科	紫荆属	喜光、稍耐阴、耐寒、萌芽力强	宜栽庭院、草坪、岩石及建筑物前、用于小区的园林绿化
灌木类						
1	大叶黄杨	*Euonymus japonicus*	卫矛科	卫矛属	喜光、稍耐阴、有一定的耐寒力	观叶灌木；绿篱、背景种植材料、花境、规则式的对称配植

续表

序号	中文名	拉丁名	科名	属名	生态习性	观赏特性及园林用途
2	棣棠花	*Kerria japonica*	蔷薇科	棣棠花属	喜温暖湿润和半阴环境，耐寒性较差	枝叶翠绿细柔，花色金黄；作花篱、花境，群植于常绿树，盆栽
3	丁香	*Syringa Linn.*	木犀科	丁香属	喜光，喜温暖，耐寒，耐旱	花序繁茂；可丛植于路边、草坪或庭向阳坡地，盆栽，工矿绿化
4	凤尾兰	*Yucca gloriosa*	兰科	龙舌兰属	喜温暖湿润，耐瘠薄，耐寒，耐阴，耐旱	树态奇特，叶形如剑；庭院点缀，切花材料
5	枸杞	*Lycium chinense*	茄科	枸杞属	喜冷凉气候，耐寒力很强	树形婀娜，叶翠绿；很好的盆景观赏植物
6	红端木	*Swida alba*	山茱萸科	梾木属	喜欢潮湿温暖，喜肥，生长速度快	秋叶鲜红，小果洁白；观茎植物，常与常绿树种配置
7	黄刺玫	*Rosa xanthina*	蔷薇科	蔷薇属	喜光，稍耐阴，耐寒力强，不耐水涝	水土保持树种，庭院观赏树种
8	黄杨	*Buxus sinica*	黄杨科	黄杨属	耐阴喜光，喜湿润，分蘖性极强	树姿优美，叶小如豆瓣；作绿篱，大型花坛镶边
9	金叶女贞	*Ligustrum vicaryi*	木犀科	女贞属	喜光，稍耐阴，耐寒，适应性强	叶色金黄；组成图案作绿篱
10	金叶榆	*Ulmus pumila 'jinye'*	榆科	榆属	耐寒，耐旱，抗盐碱	叶色金黄，枝叶茂密；道路绿化，庭园树种
11	金银木	*Lonicera maackii*	忍冬科	忍冬属	性喜强光，稍耐阴，耐寒	花果并美；丛植于草坪，点缀于建筑
12	锦带花	*Weigela florida*	忍冬科	锦带花属	喜光，耐荫，耐寒，耐瘠薄，萌芽力强	花艳丽而繁多；花篱，草坪点缀
13	高山柏	*Sabina squamata*	柏科	圆柏属	喜光照，耐旱，耐寒	叶色特殊，可配植、丛植、带植、点缀树，水土保持的造林树种

续表

序号	中文名	拉丁名	科名	属名	生态习性	观赏特性及园林用途
14	连翘	Forsythia suspensa	木犀科	连翘属	喜光、稍耐阴、耐寒、耐旱	花境、庭院树
15	玫瑰	Rosa rugosa	蔷薇科	蔷薇属	喜阳、耐寒、耐旱	花香浓郁；用于园林小品点缀、花境
16	木槿	Hibiscus syriacus	锦葵科	木槿属	喜光、耐热耐寒。耐干燥贫瘠、耐修剪	夏、秋重要观花灌木；庭院点缀、工厂绿化
17	糯米条	Abelia chinensis	忍冬科	六道木属	喜光、不耐寒、耐阴、萌芽力强、耐旱	枝条婉垂、树姿姿姿；配植、花篱、花境
18	平枝栒子	Cotoneaster horizontalis	蔷薇科	栒子属	耐干燥、耐瘠薄、不耐湿热、怕积水	叶小稠密、花密集枝头；地被、盆景、斜坡配植
19	铺地柏	Sabina procumbens	柏科	圆柏属	阳性、忌低湿、耐瘠薄、耐寒、耐干、抗盐碱	春色叶树种；配植于岩石园或草坪角隅、作地被、盆景
20	三角梅	Bougainvillea glabra	紫茉莉科	叶子花属	喜温暖湿润气候、不耐寒、耐旱	花苞片大、色彩鲜艳如花；围墙的攀援花卉、盆栽、入口点缀
21	沙地柏	Sabina vulgaris	柏科	圆柏属	喜光、耐寒、耐旱、耐瘠薄	树形低矮、冠形奇特；地被、篱色、丛植
22	苏铁	Cycas revoluta	苏铁科	苏铁属	喜光、喜铁元素、稍耐半阴	树形古雅、主干粗壮、坚硬如铁、常植于庭前阶旁及草坪内
23	猬实	Kolkwitzia amabilis	忍冬科	猬实属	喜光、喜温暖、耐寒	花密色艳；露地丛植、盆栽、切花
24	小蜡	Ligustrum sinense	木犀科	女贞属	喜光、稍耐阴、不耐严寒、根系发达、耐修剪	枝叶稠密；绿篱、绿屏和园林点缀树种、树桩可作盆景
25	小叶女贞	Ligustrum quihoui	木犀科	女贞属	喜光、稍耐阴、较耐寒、萌发力强	枝叶紧密、圆整；绿篱
26	迎春	Jasminum nudiflorum	木犀科	素馨属	喜光、稍耐阴、略耐寒、怕涝	叶丛翠绿、花色金黄；园林配植
27	榆叶梅	Amygdalus triloba	蔷薇科	桃属	喜光、稍耐阴、耐寒、耐旱、不耐涝	枝叶茂密、花繁色艳；路边观花灌木、与假山配植

续表

序号	中文名	拉丁名	科名	属名	生态习性	观赏特性及园林用途
28	月季	Rosa chinensis	蔷薇科	蔷薇属	喜光、喜温暖、喜肥、耐旱	花艳味浓；花坛、花境、庭院花材、切花
29	珍珠梅	Sorbaria sorbifolia	蔷薇科	珍珠梅属	耐寒、萌蘖、耐半阴、耐旱	俏丽高雅，清香袭人；孤植、列植、丛植，阴面绿化
30	紫薇	Lagerstroemia indica	千屈菜科	紫薇属	喜光、略耐阴、耐干旱、忌涝、抗寒、萌蘖性强	花色鲜艳美丽；行道树、独赏树、区绿化、丛植于草坪、山坡等
31	紫叶小檗	Berberis thunbergii 'atropurpurea'	小檗科	小檗属	喜阳、耐寒、耐旱、不耐水涝、耐阴、萌蘖性强	焰灼耀人；花坛、花境、花篱、点缀
32	长春花	Catharanthus roseus	夹竹桃科	长春花属	喜高温、高湿、耐半阴、不耐严寒、喜阳	花型美丽；地被、花坛
				草本类		
1	矮牵牛	Petunia hybrida	茄科	碧冬茄属	喜温暖、阳光充足、不耐霜冻、怕雨涝	开花繁盛、花期长、色彩丰富；花坛和种植钵花
2	八宝景天	Hylotelephium erythrostictum	景天科	八宝属	性喜强光、耐贫瘠干旱、忌雨涝积水	造型优美；地被、花坛、花境或成片栽植做护坡地
3	白花车轴草	Trifolium repens	豆科	车轴草属	喜温暖湿润气候、适应性广、再生性好	花白叶翠；地被、水土保持植物，牧草
4	波斯菊	Cosmos bipinnata	菊科	秋英属	喜光、耐贫瘠、忌肥、不耐寒	株形高大、叶形雅致；花境、切花材料
5	彩叶草	Coleus scutellarioides	唇形科	鞘蕊花属	喜阳、喜湿润、适应性强	色彩鲜艳、观叶花卉；盆栽、花境、花坛
6	草芙蓉	Hibiscus moscheutos	锦葵科	木槿属	喜光、喜温暖、耐湿、抗寒	花大而鲜艳；花坛、花境、盆栽
7	大花马齿苋	Portulaca grandiflora	马齿苋科	马齿苋属	喜温暖、阳光、耐瘠薄	花色多鲜艳；花坛、花境、盆栽
8	非洲万寿菊	Tagetes erecta	菊科	万寿菊属	喜光、喜湿、耐旱	绿色花艳；花坛、盆栽
9	费菜	Sedum aizoon	景天科	景天属	喜阳、稍耐阴、耐寒、耐干旱瘠薄	枝翠叶绿，花色金黄；地被、花境

续表

序号	中文名	拉丁名	科名	属名	生态习性	观赏特性及园林用途
10	佛甲草	*Sedum lineare*	景天科	景天属	喜阴凉、湿润、耐寒、耐旱	茎叶整齐美观；地被、屋顶绿化
11	黑麦草	*Lolium perenne*	禾本科	黑麦草属	喜阴、耐湿、再生能力强	质地细腻；牧草、花境点缀
12	花烟草	*Nicotiana alata*	茄科	烟草属	喜阳、耐旱、不耐寒	植株紧凑，花色艳丽；花境、花坛、边缘点缀
13	鸡冠花	*Celosia cristata*	苋科	青葙属	喜温暖干燥气候、怕干旱、喜阳、不耐劳	形状特别，花色艳丽；花坛、花境、切花材料
14	吉祥草	*Reineckia carnea*	百合科	吉祥草属	耐寒耐阴、适应性强	造型优美；地被、花境
15	金光菊	*Rudbeckia laciniata*	菊科	金光菊属	喜阳、耐寒、耐旱	株型较大、花朵繁多；花坛、花境
16	金鸡菊	*Coreopsis drummondii*	菊科	金鸡菊属	耐寒耐旱、喜光、但耐半阴，适应性强、耐旱	花大色艳、常开不绝；地被、花镜、屋顶绿化
17	菊花	*Dendranthema morifolium*	菊科	菊属	喜阳光、忌荫蔽、较耐旱、怕涝、耐寒	可作各种造型
18	芦苇	*Phragmites australis*	禾本科	芦苇属	耐寒、抗旱、抗高温、抗倒伏	开花季节十分美观、水面绿化、河道管理、净化水质
19	狼尾草	*Pennisetum alopecuroides*	禾本科	狼尾草属	喜寒冷湿气候、耐旱、耐贫瘠	固堤防沙植物
20	马蔺	*Iris lactea*	鸢尾科	鸢尾属	耐盐碱、耐践踏、抗干旱	花淡雅清丽；隔离带、水土保持和改良盐碱土
21	芒	*Miscanthus sinensis*	禾本科	芒属	喜湿润、耐干旱、再生能力强	茎叶柔嫩；牧草、点缀
22	美人蕉	*Canna indica*	美人蕉科	美人蕉属	喜阳、不耐精冻、能耐精薄	花大色艳、色彩丰富；花坛、盆栽
23	木葱	*Allium fistulosum*	百合科	葱属	喜冷凉、不耐劳、不耐阴、不喜强光	叶薄管状；点缀
24	千鸟花	*Gaura lindheimeri*	柳叶菜科	山桃草属	耐寒、喜凉爽、耐半阴	花型美；花坛、花境、地被、盆栽、草坪点缀

功能导向的节约型园林植物景观设计

续表

序号	中文名	拉丁名	科名	属名	生态习性	观赏特性及园林用途
25	千屈菜	*Lythrum salicaria*	千屈菜科	千屈菜属	喜强光、耐寒性强、喜水湿	株丛整齐、花朵繁茂；花境、盆栽、沼泽园
26	芍药	*Paeonia lactiflora*	毛茛科	芍药属	喜光照、耐旱	花大色艳；花坛、花境
27	蛇鞭菊	*Liatris spicata*	菊科	蛇鞭菊属	耐寒、耐热、喜光、稍耐阴	花茎挺立、花色清丽；花坛、花境
28	蛇莓	*Duchesnea indica*	蔷薇科	蛇莓属	喜荫凉、温暖湿润、耐寒、不耐旱	植株低矮、枝叶茂密；地被
29	鼠尾草	*Salvia japonica*	唇形科	鼠尾草属	喜日照充足通风良好、排水良好的沙质壤土	花茎挺立、花色清丽；花坛、花境
30	随意草	*Physostegia virginiana*	唇形科	随意草属	喜温暖、耐寒、喜阳、不耐旱	叶秀花艳；花坛、花境
31	天人菊	*Gaillardia pulchella*	菊科	天人菊属	耐干旱炎热、不耐寒、喜阳、耐风	花姿妖娆、色彩艳丽；花坛、花境
32	细叶芒	*Miscanthus sinensis* 'Gracillimus'	禾本科	芒属	耐半荫、耐旱、耐劳	观赏草；花境
33	萱草	*Hemerocallis fulva*	百合科	萱草属	喜光亦耐半荫、耐寒、喜湿润也耐旱	花色鲜艳、绿叶成丛；多丛植或于花境、路劳栽植、疏林地被
34	薰衣草	*Lavandula angustifolia*	唇形科	薰衣草属	喜干燥、喜阳	花色优美、高贵典雅；花境、花坛
35	鸭跖草	*Commelina communis*	鸭跖草科	鸭跖草属	喜温暖、湿润气候、喜弱光、耐旱	叶形奇特；地被、花境
36	一串红	*Salvia splendens*	唇形科	鼠尾草属	喜阳、耐半阴	花朵繁密、色彩艳丽；花坛、花境
37	沿阶草	*Ophiopogon bodinieri*	百合科	沿阶草属	耐荫、耐热、耐寒、耐湿、耐旱	地被植物、盆栽关叶植物
38	银边玉簪	*Hosta plantaginea*	百合科	玉簪属	性强健、耐寒冷、性喜阴湿环境	其花娟秀、花白叶绿；地被

续表

序号	中文名	拉丁名	科名	属名	生态习性	观赏特性及园林用途
39	玉簪	*Hosta plantaginea*	百合科	玉簪属	性强健,耐寒冷,性喜阴湿环境	花香浓郁;地被
40	鸢尾	*Iris tectorum*	鸢尾科	鸢尾属	喜阳,气候凉爽,耐寒力强,耐半阴	叶片碧绿,花形奇特;花坛、地被、盆栽、切花
41	香蒲	*Typha orientalis*	香蒲科	香蒲属	水生植物	叶绿穗奇;水边点缀、花境、盆栽
42	紫萼玉簪	*Hosta ventricosa*	百合科	玉簪属	性强健,耐寒冷,性喜阴湿环境	紫色花朵;地被
43	紫露草	*Tradescantia reflexa*	鸭跖草科	鸭跖草属	喜温暖、湿润及半阴环境,不耐寒	花型特别;地被、花坛
			藤本类			
1	五叶地锦	*Parthenocissus thomsoni*	葡萄科	爬山虎属	喜光植物,喜阴,能稍耐阴耐寒	翠叶遮盖如屏;墙体绿化、栏杆绿化等
2	金银花	*Lonicera japonica*	忍冬科	忍冬属	适应性很强,喜阳、耐阴耐寒、耐旱	花色金黄;花廊、花架、花栏、花柱
			竹类			
1	菲白竹	*Sasa fortunei*	禾本科	赤竹属	喜温暖湿润,较耐寒,忌烈日,宜阴	植株低矮,叶片秀美;地被、绿篱、与假石相配、盆栽或盆景
2	刚竹	*Phyllostachys viridis*	禾本科	刚竹属	刚竹抗性强,适应酸性土至中性土	杆高挺秀,枝叶青翠;植假山石衬托、配植青松、梅

附录 C　专家评价指标调查咨询问卷

尊敬的 _____ 专家：

您好！我们开展节约型园林绿化科学研究，需要用 AHP 层次分析法对资源节约型植物景观进行评价。为确保评价体系的科学性、权威性，特向您咨询我初步设计的评价体系是否合理可行，希望您能在百忙之中提供宝贵意见，并请您对各项指标的比较值提出建议，非常感谢您的支持。

一、拟建立的综合评价体系结构模型

1．城市公园植物群落节水性评价体系

目标层	准则层	因子层
节水型城市公园植物景观综合评价 A_1	生态度 B_{11}	物种多样性 C_{111}
		生态适应性 C_{112}
		耐旱性 C_{113}
		种植结构 C_{114}
	观赏度 B_{12}	平面构图 C_{121}
		空间构成 C_{122}
		季相变化 C_{123}
		环境协调性 C_{124}
	文化度 B_{13}	地方特色 C_{131}
		寓意性 C_{132}
		保健性 C_{133}
		体验性 C_{134}

2．城市公园植物群落节材性评价体系

目标层	准则层	因子层
节材型城市公园植物景观综合评价 A_2	生态度 B_{21}	物种多样性 C_{211}
		生态适应性 C_{212}
		养护需求 C_{213}
		经济价值 C_{214}
	观赏度 B_{22}	平面构图 C_{221}
		空间构成 C_{222}
		季相变化 C_{223}
		环境协调性 C_{224}
	文化度 B_{23}	地方特色 C_{231}
		寓意性 C_{232}
		保健性 C_{233}
		体验性 C_{234}

3. 城市公园植物群落节地性评价体系

目标层	准则层	因子层
节地型城市公园植物景观综合评价 A_3	生态度 B_{31}	物种多样性 C_{311}
		生态适应性 C_{312}
		种植模式 C_{313}
		立体绿化 C_{314}
	观赏度 B_{32}	平面构图 C_{321}
		空间构成 C_{322}
		季相变化 C_{323}
		环境协调性 C_{324}
	文化度 B_{33}	地方特色 C_{331}
		寓意性 C_{332}
		保健性 C_{333}
		体验性 C_{334}

评价体系内各因子含义如下：

物种多样性：植物群落内植物物种多样性。

生态适应性：植物随环境生态因子变化而改变自身形态、结构、生理特性等，以与环境相适应。

耐旱性：植物耐受干旱仍维持良好生命的性质。

种植结构：乔木、灌木、地被植物与草坪植物间的盖度比例。

平面构图：群落内植物在平面上的布置。

空间构成：植物景观平面、垂直面、顶面共同围合而成空间。

季相变化：植物在不同季节表现出的不同外貌。

环境协调性：植物景观与周边环境的整体协调性。

地方特色：植物景观的地域性特色。

寓意性：植物景观所包含的象征意义与品德教育意义。

保健性：利用植物器官所含有的活性挥发物质，对人体产生药疗或神经调节的作用。

体验性：植物景观与观赏者的感官互动性。

养护需求：为使群落内植物生长良好并保持较好的景观效果，而所需求的养护措施。

经济价值：群落内经济作物比例与植物景观的建设成本。

种植模式：植物的密度与种植形式，如密林型植物群落、复层型植物群落、疏林型植物群落等。

立体绿化：利用地面以上的不同立地条件，选择适宜植物栽植并依附于其他植物或构筑物上的绿化方式。

二、说明及示例

1. 说明

该评价体系用层次分析法（AHP）中的两两比较判断矩阵，请您来确定各指标的相对重要性，从而可得出各个指标的权重值。以下为用 1～9 标度法填写各指标的相对重要性。

判断矩阵 1～9 标度及其含义

标　　度	含　　义
1	表示两个元素相比，具有同样重要性
3	表示两个元素相比，一个因素比另一个因素稍微重要
5	表示两个元素相比，一个因素比另一个因素明显重要
7	表示两个元素相比，一个因素比另一个因素强烈重要
9	表示两个元素相比，一个因素比另一个因素极端重要
2、4、6、8	表示两元素相邻判断的中值
上述数值的倒数	若因素 a 与 b 比较得 3，则因素 b 与 a 比较得 1/3

2. 示例（只为说明比值含义，请勿受此干扰）

A_1	B_{11}（生态度）	B_{12}（观赏度）	B_{13}（文化度）
B_{11}（生态度）		6	7
B_{12}（观赏度）			1/3
B_{13}（文化度）			

斜杠处不需要填写。

第一行中，第一个 6 表示：生态度与观赏度的比值为 6，即生态度对于观赏度，处于"明显重要"和"强烈重要"之间的地位。

第一行中，第二个 7 表示：生态度与文化度的比值为 7，即生态度对于文化度，生态度处于强烈重要低地位。

第二行中的 1/3 表示：观赏度与文化度的比值为 1/3，即观赏度对于文化度，文化度处于稍微重要地位。

三、判断矩阵

1．节水型城市公园植物景观综合评价 A_1

（1）各准则层相对重要性：生态度 B_{11}、观赏度 B_{12} 和文化度 B_{13} 针对节水性综合价值这个系统目标的一对比较值。

A_1（节水性）	B_{11}（生态度）	B_{12}（观赏度）	B_{13}（文化度）
B_{11}（生态度）			
B_{12}（观赏度）			
B_{13}（文化度）			

（2）各准则层下的各因子相对重要性

生态度 B_{11} 各因子的相对重要性：物种多样性 C_{111}、生态适应性 C_{112}、耐旱性 C_{113} 和种植结构 C_{114} 针对生态度 B_{11} 这个系统目标的一对比较值。

B_{11}（生态度）	C_{111}（物种多样性）	C_{112}（生态适应性）	C_{113}（耐旱性）	C_{114}（种植结构）
C_{111}（物种多样性）				
C_{112}（生态适应性）				
C_{113}（耐旱性）				
C_{114}（种植结构）				

观赏度 B_{12} 各因子的相对重要性：平面构图 C_{121}、空间构成 C_{122}、季相变化 C_{123} 和环境协调性 C_{124} 针对观赏度 B_{12} 这个系统目标的一对比较值。

B_{12}（观赏度）	C_{121}（平面构图）	C_{122}（空间构成）	C_{123}（季相变化）	C_{124}（环境协调性）
C_{121}（平面构图）				
C_{122}（空间构成）				
C_{123}（季相变化）				
C_{124}（环境协调性）				

文化度 B_{13} 各因子的相对重要性：地方特色 C_{131}、寓意性 C_{132}、保健性 C_{133} 和体验性 C_{134} 针对文化度 B_{11} 这个系统目标的一对比较值。

B_{13}	C_{131}（地方特色）	C_{132}（寓意性）	C_{133}（保健性）	C_{134}（体验性）
C_{131}（地方特色）				
C_{132}（寓意性）				
C_{133}（保健性）				
C_{134}（体验性）				

2．节材型城市公园植物景观综合评价 A_2

（1）各准则层相对重要性：生态度 B_{21}、观赏度 B_{22} 和文化度 B_{23} 针对节材性综合价值这个系统目标的一对比较值。

A_2	B_{21}（生态度）	B_{22}（观赏度）	B_{23}（文化度）
B_{21}（生态度）			
B_{22}（观赏度度）			
B_{23}（文化度）			

（2）各准则层下的各因子相对重要性

生态度 B_{21} 各因子的相对重要性：物种多样性 C_{211}、生态适应性 C_{212}、养护需求 C_{213} 和经济价值 C_{214} 针对生态度 B_{21} 这个系统目标的一对比较值。

B_{21}	C_{211}（物种多样性）	C_{212}（生态适应性）	C_{213}（养护需求）	C_{214}（经济价值）
C_{211}（物种多样性）				
C_{212}（生态适应性）				
C_{213}（养护需求）				
C_{214}（经济价值）				

观赏度 B_{22} 和文化度 B_{23} 的各因子相对重要性与节水性评价下的观赏度 B_{12} 和文化度 B_{13} 的各因子相对重要性相同。

3．节地型城市公园植物景观综合评价 A_3

（1）各准则层相对重要性

生态度 B_{31}、观赏度 B_{32} 和文化度 B_{33} 针对节地性综合价值这个系统目标的一对比较值。

A	B_{31}（生态度）	B_{32}（观赏度）	B_{33}（文化度）
B_{31}（生态度）			
B_{32}（观赏度）			
B_{33}（文化度）			

（2）各准则层下的各因子相对重要性

生态度 B_{31} 各因子的相对重要性：物种多样性 C_{311}、生态适应性 C_{312}、种植模式 C_{313} 和立体绿化 C_{314} 针对生态度 B_{31} 这个系统目标的一对比较值。

B_{31}	C_{311}（物种多样性）	C_{312}（生态适应性）	C_{313}（种植模式）	C_{314}（立体绿化）
C_{311}（物种多样性）				
C_{312}（生态适应性）				
C_{313}（种植模式）				
C_{314}（立体绿化）				

观赏度 B_{32} 和文化度 B_{33} 的各因子相对重要性与节水性评价下的观赏度 B_{12} 和文化度 B_{13} 的各因子相对重要性相同。

再次感谢您的支持，如果您有任何意见或建议请您不吝赐教。

附录 D 节水型植物景观评价因子判定标准表

序号	评价因子	等级含义
C_{111}	物种多样性	乔灌草的平均物种多样性指数≥2。（10分） 1.5≤乔灌草的平均物种多样性指数＜2。（8分） 1≤乔灌草的平均物种多样性指数＜1.5。（6分） 0.5≤乔灌草的平均物种多样性指数＜1。（4分） 乔灌草的平均物种多样性指数＜0.5。（2分）
C_{112}	生态适应性	群落内植物生长茂盛，无枯枝，叶色正常，无病虫害现象。（10分） 群落内植物生长良好，有轻微的枯枝、叶色异常及病虫害现象。（8分） 群落内植物生长状况一般，有明显的枯枝、叶色异常及病虫害现象。（6分） 群落内植物生长不良，枯枝、叶色异常及病虫害现象较严重。（4分） 植物群落内植物生长极其不良，枯枝、叶色异常及病虫害现象严重，部分植物死亡。（2分）
C_{113}	耐旱性	群落内除草坪植物外，其他植物均为耐旱植物。（10分） 群落内除草坪植物外，耐旱植物比例大于或等于80%。（8分） 群落内除草坪植物外，耐旱植物比例为60%～79%。（6分） 群落内除草坪植物外，耐旱植物比例为40%～59%。（4分） 群落内除草坪植物外，耐旱植物比例在40%以下。（2分）
C_{114}	种植结构	复层型植物群落；草坪面积小于20%；木本植物与草本植物盖度比＞2.5。（10分） 密林型植物群落；草坪面积为20～39%；2＜木本植物与草本植物盖度比为≤2.5。（8分） 疏林草地型植物群落；草坪面积为40～59%；1.5＜木本植物与草本植物盖度比≤2。（6分） 疏林大草坪型植物群落；草坪面积为60～79%；1＜木本植物与草本植物盖度比≤1.5。（4分） 草坪面积大于或等于80%；木本植物与草本植物盖度比≤1。（2分）
C_{121}	平面构图	群落平面图优美，点、线、面组合自然合理。（10分） 群落平面图较好，点、线、面组合较自然合理。（8分） 群落平面图一般，点、线、面组合有小部分不自然不合理现象。（6分） 群落平面图较乱，点、线、面组合有大部分不自然不合理现象。（4分） 群落平面图杂乱无章，点、线、面组合不自然不合理。（2分）
C_{122}	空间构成	群落内植物层次高低错落有致，林冠线优美，植物间尺度比例得当，主次分明，开合呼应，疏密有致，虚实结合，有藏有漏等设计手法有很好的运用，景观效果好。（10分） 群落内植物层次高低错落较有致，林冠线较优美，植物间尺度比例基本得当，主次分明、开合呼应、疏密有致、虚实结合、有藏有漏等设计手法有较好的运用，景观效果较好。（8分） 群落内植物层次高低错落一般，林冠线一般，植物间尺度比例有小部分不够得当，主次分明、开合呼应、疏密有致、虚实结合、有藏有漏等设计手法有一定程度的运用，景观效果一般。（6分） 群落内植物层次高低错落较乱或少有层次，林冠线不自然，植物间尺度比例有大部分不够得当，几乎无主次分明、开合呼应、疏密有致、虚实结合、有藏有漏等设计手法的运用，景观效果较差。（4分） 群落内植物层次高低错落杂乱或无层次，林冠线极其不自然，植物间尺度比例完全不得当，植物种植杂乱，景观效果差。（2分）

续表

序号	评价因子	等级含义
C₁₂₃	季相变化	植物群落一年四季各阶段都有景可赏，且景色优美，观叶、观果、观花树种大于 7 种。（10 分） 植物群落一年四季有景可赏，景色较美，且观叶、观果、观花树种有 5 ～ 6 种。（8 分） 植物群落季相景色表现一般，特色观赏季节只有 2 ～ 3 季，且观叶、观果、观花树种只有 3 ～ 4 种。（6 分） 植物群落四季景观变化不够明显，特色观赏季节只有 1 季，观叶、观果、观花树种只有 2 种。（4 分） 植物群落无四季景观变化，且各季节景观均不突出，观叶、观果、观花树种小于 2 种。（2 分）
C₁₂₄	环境协调性	与周边植物群落、硬质景观等整体环境很协调。（10 分） 与周边植物群落、硬质景观等整体环境较协调。（8 分） 与周边植物群落、硬质景观等整体环境协调性一般。（6 分） 与周边植物群落、硬质景观等整体环境不太协调。（4 分） 与周边植物群落、硬质景观等整体环境很不协调。（2 分）
C₁₃₁	乡土性	群落内乡土植物比例大于或等于 80%，有明显的地带性特征。（10 分） 群落内乡土植物比例为 70% ～ 79%，有较明显的地带性特征。（8 分） 群落内乡土植物达 60% ～ 69%，有些许地带性特征。（6 分） 群落内乡土植物达 50% ～ 59%，几乎无地带性特征。（4 分） 群落内乡土植物比例小于 50%，无地带性特征。（2 分）
C₁₃₂	寓意性	运用 80% 及以上有品德教育意义或象征含义的植物，或植物景观呈现明确的文化主题与内涵。（10 分） 运用 60% ～ 79% 有品德教育意义或象征含义的植物，或植物景观呈现较明确的文化主题与内涵。（8 分） 运用 40% ～ 59% 有品德教育意义或象征含义的植物，或部分植物景观呈现一定的文化主题与内涵。（6 分） 运用 20% ～ 39% 有品德教育意义或象征含义的植物，或植物景观呈现明确的文化内涵。（4 分） 运用 20% 以下有品德教育意义或象征含义的植物，或植物景观未呈现文化内涵。（2 分）
C₁₃₃	保健性	运用 80% 及以上有保健作用的植物。（10 分） 运用 60% ～ 79% 有保健作用的植物。（8 分） 运用 40% ～ 59% 有保健作用的植物。（6 分） 运用 20% ～ 39% 有保健作用的植物。（4 分） 运用 20% 以下有保健作用的植物。（2 分）
C₁₃₄	体验性	群落内植物景观与观赏者的互动包括听觉、视觉、触觉、嗅觉、味觉，舒适性好，感染力强，满足游人需求。（10 分） 群落内植物景观与观赏者的互动包括听觉、视觉、触觉、嗅觉，舒适性较好，感染力较强，较能满足游人需求。（8 分） 群落内植物景观与观赏者的互动包括听觉、视觉、触觉，舒适性和感染力一般，部分景观满足游人需求。（6 分） 群落内植物景观与观赏者的互动包括听觉、视觉，舒适性和感染力较差，基本不能满足游人需求。（4 分） 群落内植物与观赏者的互动只有视觉，舒适性和感染力差，不能满足游人需求。（2 分）

附录 E 节材型植物景观评价因子判定标准表

序号	评价因子	等级含义
C_{211}	物种多样性	乔灌草的平均物种多样性指数≥ 2。（10 分） 1.5 ≤乔灌草的平均物种多样性指数＜ 2。（8 分） 1 ≤乔灌草的平均物种多样性指数＜ 1.5。（6 分） 0.5 ≤乔灌草的平均物种多样性指数＜ 1。（4 分） 乔灌草的平均物种多样性指数＜ 0.5。（2 分）
C_{212}	生态适应性	群落内植物生长茂盛，无枯枝，叶色正常，无病虫害。（10 分） 群落内植物生长良好，枯枝及叶色异常部分的面积比例在 10% 以内，几乎无病虫害。（8 分） 群落内植物生长状况一般，枯枝及叶色异常部分的面积比例为 11% ～ 30%，有明显病虫害。（6 分） 群落内植物生长不良，枯枝及叶色异常部分的面积比例为 31% ～ 50%，病虫害较严重。（4 分） 植物群落内植物生长极其不良，枯枝及叶色异常部分的面积比例大于 50%，病虫害严重，部分植物死亡。（2 分）
C_{213}	养护需求	除虫、除草、浇水、施肥、修剪、更新植物材料等养护措施频率低，基本无需养护管理，仅靠群落自我循环便能生存并保持良好的景观效果。（10 分） 除虫、除草、浇水、施肥、修剪、更新植物材料等养护措施频率较低，进行适当的养护管理，就能生长良好并保持良好的景观效果。（8 分） 除虫、除草、浇水、施肥、修剪、更新植物材料等养护措施频率一般，一般的养护管理就能保持植物景观效果。（6 分） 除虫、除草、浇水、施肥、修剪、更新植物材料等养护措施频率较高，较多的养护管理才能保持植物景观效果。（4 分） 除虫、除草、浇水、施肥、修剪、更新植物材料等养护措施频率高，极多的养护管理才能保持景观效果。（2 分）
C_{214}	经济价值	植物群落内含经济作物比例 30% 以上；植物景观建设成本低。（10 分） 植物群落内含经济作物比例 20% ～ 29%；植物景观建设成本较低。（8 分） 植物群落内含经济作物比例 10% ～ 19%；植物景观建设成本一般（6 分） 植物群落内含经济作物比例 1% ～ 9%；植物景观建设成本较高。（4 分） 植物群落内无经济作物；植物景观建设成本高。（2 分）
C_{221}	平面构图	群落平面图优美，点、线、面组合自然合理。（10 分） 群落平面图较好，点、线、面组合较自然合理。（8 分） 群落平面图一般，点、线、面组合有小部分不自然不合理现象。（6 分） 群落平面图较乱，点、线、面组合有大部分不自然不合理现象。（4 分） 群落平面图杂乱无章，点、线、面组合不自然不合理。（2 分）

序号	评价因子	等级含义
C$_{222}$	空间构成	群落内植物层次高低错落有致，林冠线优美，植物间尺度比例得当，主次分明，开合呼应，疏密有致，虚实结合，有藏有漏等设计手法有很好的运用，景观效果好。（10 分） 群落内植物层次高低错落较有致，林冠线较优美，植物间尺度比例基本得当，主次分明、开合呼应、疏密有致、虚实结合、有藏有漏等设计手法有较好的运用，景观效果较好。（8 分） 群落内植物层次高低错落一般，林冠线一般，植物间尺度比例有小部分不够得当，主次分明、开合呼应、疏密有致、虚实结合、有藏有漏等设计手法有一定程度的运用，景观效果一般。（6 分） 群落内植物层次高低错落较乱或少有层次，林冠线不自然，植物间尺度比例有大部分不够得当，几乎无主次分明、开合呼应、疏密有致、虚实结合、有藏有漏等设计手法的运用，景观效果较差。（4 分） 群落内植物层次高低错落杂乱或无层次，林冠线极其不自然，植物间尺度比例完全不得当，植物种植杂乱，景观效果差。（2 分）
C$_{223}$	季相变化	植物群落一年四季各阶段都有景可赏，且景色优美，观叶、观果、观花树种大于 7 种。（10 分） 植物群落一年四季有景可赏，景色较美，且观叶、观果、观花树种有 5～6 种。（8 分） 植物群落季相景色表现一般，特色观赏季节只有 2～3 季，且观叶、观果、观花树种只有 3～4 种。（6 分） 植物群落四季景观变化不够明显，特色观赏季节只有 1 季，观叶、观果、观花树种只有 2 种。（4 分） 植物群落无四季景观变化，且各季节景观均不突出，观叶、观果、观花树种小于 2 种。（2 分）
C$_{224}$	环境协调性	与周边植物群落、硬质景观等整体环境很协调。（10 分） 与周边植物群落、硬质景观等整体环境较协调。（8 分） 与周边植物群落、硬质景观等整体环境协调性一般。（6 分） 与周边植物群落、硬质景观等整体环境不太协调。（4 分） 与周边植物群落、硬质景观等整体环境很不协调。（2 分）
C$_{231}$	乡土性	群落内乡土植物比例大于或等于 80%，有明显的地带性特征。（10 分） 群落内乡土植物比例为 70%～79%，有较明显的地带性特征。（8 分） 群落内乡土植物达 60%～69%，有些许地带性特征。（6 分） 群落内乡土植物达 50%～59%，几乎无地带性特征。（4 分） 群落内乡土植物比例小于 50%，无地带性特征。（2 分）
C$_{232}$	寓意性	运用 80% 及以上有品德教育意义或象征含义的植物，或植物景观呈现明确的文化主题与内涵。（10 分） 运用 60%～79% 有品德教育意义或象征含义的植物，或植物景观呈现较明确的文化主题与内涵。（8 分） 运用 40%～59% 有品德教育意义或象征含义的植物，或部分植物景观呈现一定的文化主题与内涵。（6 分） 运用 20%～39% 有品德教育意义或象征含义的植物，或植物景观呈现明确的文化内涵。（4 分） 运用 20% 以下有品德教育意义或象征含义的植物，或植物景观未呈文化内涵。（2 分）

续表

序号	评价因子	等级含义
C$_{233}$	保健性	运用 80% 及以上有保健作用的植物。（10 分） 运用 60%～79% 有保健作用的植物。（8 分） 运用 40%～59% 有保健作用的植物。（6 分） 运用 20%～39% 有保健作用的植物。（4 分） 运用 20% 以下有保健作用的植物。（2 分）
C$_{234}$	体验性	群落内植物景观与观赏者的互动包括听觉、视觉、触觉、嗅觉、味觉，舒适性好，感染力强，满足游人需求。（10 分） 群落内植物景观与观赏者的互动包括听觉、视觉、触觉、嗅觉，舒适性较好，感染力较强，较能满足游人需求。（8 分） 群落内植物景观与观赏者的互动包括听觉、视觉、触觉，舒适性和感染力一般，部分景观满足游人需求。（6 分） 群落内植物景观与观赏者的互动包括听觉、视觉，舒适性和感染力较差，基本不能满足游人需求。（4 分） 群落内植物与观赏者的互动只有视觉，舒适性和感染力差，不能满足游人需求。（2 分）

附录 F 节地型植物景观评价因子判定标准表

序号	评价因子	等级含义
C_{311}	物种多样性	乔灌草的平均物种多样性指数≥2。（10分） 1.5≤乔灌草的平均物种多样性指数<2。（8分） 1≤乔灌草的平均物种多样性指数<1.5。（6分） 0.5≤乔灌草的平均物种多样性指数<1。（4分） 乔灌草的平均物种多样性指数<0.5。（2分）
C_{312}	生态适应性	群落内植物生长茂盛，无枯枝，叶色正常，无病虫害。（10分） 群落内植物生长良好，枯枝及叶色异常部分的面积比例在10%以内，几乎无病虫害。（8分） 群落内植物生长状况一般，枯枝及叶色异常部分的面积比例为11%～30%，有明显病虫害。（6分） 群落内植物生长不良，枯枝及叶色异常部分的面积比例为31%～50%，病虫害较严重。（4分） 植物群落内植物生长极其不良，枯枝及叶色异常部分的面积比例大于50%，病虫害严重，部分植物死亡。（2分）
C_{313}	种植结构	群落内植物层次丰富，植物密度高，竖向空间利用充分，土地利用率高。（10分） 群落内植物层次较丰富，植物密度较高，竖向空间利用较充分，土地利用率较高。（8分） 群落内植物层次一般，植物密度一般，竖向空间利用一般，土地利用率一般。（6分） 群落内植物层次较低，植物密度较低，竖向空间利用不够，土地利用率较低。（4分） 群落内植物层次低，植物密度低，竖向空间利用缺乏，土地利用率极低。（2分）
C_{314}	立体绿化	群落内有立体绿化。（10分） 群落内无立体绿化。（5分）
C_{321}	平面构图	群落平面图优美，点、线、面组合自然合理。（10分） 群落平面图较好，点、线、面组合较自然合理。（8分） 群落平面图一般，点、线、面组合有小部分不自然不合理现象。（6分） 群落平面图较乱，点、线、面组合有大部分不自然不合理现象。（4分） 群落平面图杂乱无章，点、线、面组合不自然不合理。（2分）
C_{322}	空间构成	群落内植物层次高低错落有致，林冠线优美，植物间尺度比例得当，主次分明，开合呼应，疏密有致，虚实结合，有藏有漏等设计手法有很好的运用，景观效果好。（10分） 群落内植物层次高低错落较有致，林冠线较优美，植物间尺度比例基本得当，主次分明、开合呼应、疏密有致、虚实结合、有藏有漏等设计手法有较好的运用，景观效果较好。（8分） 群落内植物层次高低错落一般，林冠线一般，植物间尺度比例有小部分不够得当，主次分明、开合呼应、疏密有致、虚实结合、有藏有漏等设计手法有一定程度的运用，景观效果一般。（6分） 群落内植物层次高低错落较乱或少有层次，林冠线不自然，植物间尺度比例有大部分不够得当，几乎无主次分明、开合呼应、疏密有致、虚实结合、有藏有漏等设计手法的运用，景观效果较差。（4分） 群落内植物层次高低错落杂乱或无层次，林冠线极其不自然，植物间尺度比例完全不得当，植物种植杂乱，景观效果差。（2分）

序号	评价因子	等级含义
C_{323}	季相变化	植物群落一年四季各阶段都有景可赏，且景色优美，观叶、观果、观花树种大于或等于 7 种。（10 分） 植物群落一年四季有景可赏，景色较美，且观叶、观果、观花树种有 5 ～ 6 种。（8 分） 植物群落季相景色表现一般，特色观赏季节只有 2 ～ 3 季，且观叶、观果、观花树种只有 3 ～ 4 种。（6 分） 植物群落四季景观变化不够明显，特色观赏季节只有 1 季，观叶、观果、观花树种只有 2 种。（4 分） 植物群落无四季景观变化，且各季节景观均不突出，观叶、观果、观花树种小于 2 种。（2 分）
C_{324}	环境协调性	与周边植物群落、硬质景观等整体环境很协调。（10 分） 与周边植物群落、硬质景观等整体环境较协调。（8 分） 与周边植物群落、硬质景观等整体环境协调性一般。（6 分） 与周边植物群落、硬质景观等整体环境不太协调。（4 分） 与周边植物群落、硬质景观等整体环境很不协调。（2 分）
C_{331}	乡土性	群落内乡土植物比例大于或等于 80%，有明显的地带性特征。（10 分） 群落内乡土植物比例为 70% ～ 79%，有较明显的地带性特征。（8 分） 群落内乡土植物达 60% ～ 69%，有些许地带性特征。（6 分） 群落内乡土植物达 50% ～ 59%，几乎无地带性特征。（4 分） 群落内乡土植物比例小于 50%，无地带性特征。（2 分）
C_{332}	寓意性	运用 80% 及以上有品德教育意义或象征含义的植物，或植物景观呈现明确的文化主题与内涵。（10 分） 运用 60% ～ 79% 有品德教育意义或象征含义的植物，或植物景观呈现较明确的文化主题与内涵。（8 分） 运用 40% ～ 59% 有品德教育意义或象征含义的植物，或部分植物景观呈现一定的文化主题与内涵。（6 分） 运用 20% ～ 39% 有品德教育意义或象征含义的植物，或植物景观呈现明确的文化内涵。（4 分） 运用 20% 以下有品德教育意义或象征含义的植物，或植物景观未呈文化内涵。（2 分）
C_{333}	保健性	运用 80% 及以上有保健作用的植物。（10 分） 运用 60% ～ 79% 有保健作用的植物。（8 分） 运用 40% ～ 59% 有保健作用的植物。（6 分） 运用 20% ～ 39% 有保健作用的植物。（4 分） 运用 20% 以下有保健作用的植物。（2 分）
C_{334}	体验性	群落内植物景观与观赏者的互动包括听觉、视觉、触觉、嗅觉、味觉，舒适性好，感染力强，满足游人需求。（10 分） 群落内植物景观与观赏者的互动包括听觉、视觉、触觉、嗅觉，舒适性较好，感染力较强，较能满足游人需求。（8 分） 群落内植物景观与观赏者的互动包括听觉、视觉、触觉，舒适性和感染力一般，部分景观满足游人需求。（6 分） 群落内植物景观与观赏者的互动包括听觉、视觉，舒适性和感染力较差，基本不能满足游人需求。（4 分） 群落内植物与观赏者的互动只有视觉，舒适性和感染力差，不能满足游人需求。（2 分）

附录 G 天津城市公园调查各样地照片

睦南公园 1 号

睦南公园 2 号

睦南公园 3 号

睦南公园 4 号

桥园 1 号

桥园 2 号

人民公园 1 号

人民公园 2 号

人民公园 3 号

人民公园 4 号

水上公园 1 号

水上公园 2 号

水上公园 3 号

水上公园 4 号

水上公园 5 号

水上公园 6 号

水上公园 7 号

水上公园 8 号

泰丰公园 1 号

泰丰公园 2 号

泰丰公园 3 号

泰丰公园 4 号

南翠屏公园 1 号

南翠屏公园 2 号

南翠屏公园 3 号

南翠屏公园 4 号

河东公园 1 号

河东公园 2 号

河东公园 3 号

河东公园 4 号

附录 H 青岛调查公园植物种类汇总表

序号	种名	科名	属名	拉丁名
		乔木		
1	雪松	松科	雪松属	*Cedrus deodara*
2	黑松	松科	松属	*Pinus thunbergii*
3	龙柏	柏科	圆柏属	*Sabina chinensis* 'Kaizuca'
4	日本五针松	松科	松属	*Pinus parviflora*
5	日本云杉	松科	云杉属	*Picea polita*
6	华山松	松科	松属	*Pinus armandii*
7	白皮松	松科	松属	*Pinus bungeana*
8	刚松	松科	松属	*Pinus rigida*
9	金钱松	松科	金钱松属	*Pseudolarix amabilis*
10	圆柏	柏科	圆柏属	*Sabina chinensis*
11	桧柏	柏科	圆柏属	*Sabina chinensis*
12	柏木	柏科	柏木属	*Cupressus funebris*
13	杉木	杉科	杉木属	*Cunninghamia lanceolata*
14	水杉	杉科	水杉属	*Metasequoia glyptostroboides*
15	银杏	银杏科	银杏属	*Ginkgo biloba*
16	棕榈	棕榈科	棕榈属	*Trachycarpus fortunei*
17	珊瑚树	忍冬科	荚蒾属	*Viburnum odoratissimum*
18	女贞	木犀科	女贞属	*Ligustrum lucidum*
19	广玉兰	木兰科	木兰属	*Magnolia grandiflora*
20	朴树	榆科	朴属	*Celtis sinensis*
21	国槐	豆科	槐属	*Sophora japonica*
22	悬铃木	悬铃木科	悬铃木属	*Platanus orientalis*
23	喜树	蓝果树科	喜树属	*Camptotheca acuminata*
24	榔榆	榆科	榆属	*Ulmus parvifolia*
25	二乔玉兰	木兰科	木兰属	*Magnolia soulangeana*
26	黄连木	槭树科	黄连木属	*Pistacia chinensis*
27	榉树	榆科	榉属	*Zelkova serrata*
28	日本樱花	蔷薇科	樱属	*Cerasus yedoensis*
29	鸡爪槭	槭树科	槭属	*Acer palmatum* var. *palmatum*

序号	种名	科名	属名	拉丁名
30	榆树	榆科	榆属	*Ulmus pumila*
31	三角枫	槭树科	槭属	*Acer buergerianum*
32	日本晚樱	蔷薇科	樱属	*Cerasus serrulata* var. *lannesiana*
33	紫薇	千屈菜科	紫薇属	*Lagerstroemia indica*
34	桃	蔷薇科	桃属	*Amygdalus persica*
35	垂柳	杨柳科	柳属	*Salix babylonica*
36	龙爪槐	豆科	槐属	*Sophora japonica* var. *japonica* f. *pendula*
37	元宝槭	槭树科	槭属	*Acer truncatum*
38	臭椿	苦木科	臭椿属	*Ailanthus altissima*
39	白玉兰	木兰科	木兰属	*Magnolia denudata.*
40	望春玉兰	木兰科	木兰属	*Magnolia biondii*
41	紫叶李	蔷薇科	李属	*Prunus cerasifera* f. *atropurpurea*
42	黄山栾树	无患子科	栾树属	*Koelreuteria bipinnata* var. *integrifoliola*
43	杜仲	杜仲科	杜仲属	*Eucommia ulmoides*
44	五角槭	槭树科	槭属	*Acrer mono*
45	蒙古栎	壳斗科	栎属	*Quercus mongolica*
46	刺楸	五加科	刺楸属	*Kalopanax septemlobus*
47	樱桃	蔷薇科	樱属	*Cerasus pseudocerasus*
48	灯台树	山茱萸科	灯台树属	*Bothrocaryum controversum*
49	柘树	桑科	柘属	*Cudrania tricuspidata*
50	山皂荚	豆科	皂荚属	*Gleditsia japonica*
51	刺槐	豆科	刺槐属	*Robinia pseudoacacia*
52	麻栎	壳斗科	栎属	*Quercus acutissima*
53	光叶榉	榆科	榉属	*Zelkova serrata*
54	短柄枹栎	壳斗科	短柄枹栎属	*Quercus serrata* var. *brevipetiolata*
55	槲栎	壳斗科	栎属	*Quercus aliena*
56	红枫	槭树科	槭属	*Acer Palmatum* f. *atropurpureum*
57	碧桃	蔷薇科	桃属	*Amygdalus persica* var. *persica* f. *duplex*
58	流苏树	木犀科	流苏树属	*Chionanthus retusus*
59	毛白杨	杨柳科	杨属	*Populus tomentosa*
60	苦楝	楝科	楝属	*Melia azedarach*

序号	种名	科名	属名	拉丁名
61	垂丝海棠	蔷薇科	苹果属	*Malus halliana*
62	木瓜	蔷薇科	木瓜属	*Chaenomeles sinensis*
灌木				
63	球柏	柏科	圆柏属	*Sabina chinensis* 'Globosa'
64	铺地柏	柏科	圆柏属	*Sabina procumbens*
65	匍地龙柏	柏科	圆柏属	*Sabina chinensis* 'Kaizuca'
66	铅笔柏	柏科	圆柏属	*Sabina virginiana*
67	山茶	山茶科	山茶属	*Camellia japonica*
68	石岩杜鹃	杜鹃花科	杜鹃属	*Rhododendron obtusum*
69	海桐	海桐花科	海桐花属	*Pittosporum tobira*
70	红叶石楠	蔷薇科	石楠属	*Photinia x fraseri*
71	大叶黄杨	黄杨科	黄杨属	*Buxus megistophylla*
72	栀子	茜草科	栀子属	*Gardenia jasminoides*
73	雀舌黄杨	黄杨科	黄杨属	*Buxus bodinieri*
74	洒金东瀛珊瑚	山茱萸科	桃叶珊瑚属	*Aucuba japonica* f. *variegata*
75	千首兰	兰科	毛舌兰属	*Trichoglottis rosea* var. *breviracema*
76	瓜子黄杨	黄杨科	黄杨属	*Buxus sinica*
77	小叶黄杨	黄杨科	黄杨属	*Buxus sinica* subsp. *sinica* var. *parvifolia*
78	花叶女贞	木犀科	女贞属	*Ligustrum ovalisolium*
79	阔叶十大功劳	小檗科	十大功劳属	*Mahonia bealei*
80	龟甲冬青	冬青科	冬青属	*Ilex crenata* 'Convexa'
81	石楠	蔷薇科	石楠属	*Photinia serrulata*
82	南天竹	小檗科	南天竹属	*Nandina domestica*
83	金心大叶黄杨	卫矛科	卫矛属	*Euonymus japonicusl* 'Aureo-variegatus'
84	火棘	蔷薇科	火棘属	*Pyracantha fortuneana*
85	枸骨	冬青科	冬青属	*Ilex cornuta*
86	蚊母树	金缕梅科	蚊母树属	*Distylium racemosum*
87	贴梗海棠	蔷薇科	木瓜属	*Chaenomeles speciosa*
88	荚蒾	忍冬科	荚蒾属	*Viburnum dilatatum*
89	日本木瓜	蔷薇科	木瓜属	*Chaenomeles japonica*
90	溲疏	虎耳草科	溲疏属	*Deutzia scabra*

序号	种名	科名	属名	拉丁名
91	紫荆	豆科	紫荆属	*Cercis chinensis*
92	连翘	木犀科	连翘属	*Forsythia suspensa*
93	紫丁香	木犀科	丁香属	*Syringa oblata*
94	锦带花	忍冬科	锦带花属	*Weigela florida*
95	小蜡	木犀科	女贞属	*Ligustrum sinense*
96	迎春	木犀科	素馨属	*Jasminum nudiflorum*
97	棣棠	蔷薇科	棣棠花属	*Kerria japonica*
98	锦鸡儿	豆科	锦鸡儿属	*Caragana sinica*
99	红瑞木	山茱萸科	梾木属	*Swida alba*
100	金叶女贞	木犀科	女贞属	*Ligustrum* × *vicaryi*
101	紫叶小檗	小檗科	小檗属	*Berberis thunbergii* var. *atropurpurea*
102	水蜡	木犀科	女贞属	*Ligustrum obtusifolium*
103	榆叶梅	蔷薇科	桃属	*Amygdalus triloba*
104	金银木	忍冬科	忍冬属	*Lonicera maackii*
105	牡丹	毛茛科	芍药属	*Paeonia suffruticosa*
106	黄刺玫	蔷薇科	蔷薇属	*Rosa xanthina*
107	紫玉兰	木兰科	木兰属	*Magnolia liliflora*
108	木槿	锦葵科	木槿属	*Hibiscus syriacus*
109	辽东水蜡	木犀科	女贞属	*Ligustrum obtusifolium* subsp. *suave*
110	文冠果	无患子科	文冠果属	*Xanthoceras sorbifolium*
111	白鹃梅	蔷薇科	白鹃梅属	*Exochorda racemosa*
112	扁担木	椴树科	扁担杆属	*Grewia biloba*
113	石榴	石榴科	石榴属	*Punica granatum*
114	枳	芸香科	枳属	*Poncirus trifoliata*
115	平枝栒子	蔷薇科	栒子属	*Cotoneaster horizontalis*
116	月季	蔷薇科	蔷薇属	*Rosa chinensis*
117	八仙花	忍冬科	荚蒾属	*Cardiandra moellendorffii* var. *moellendorffii*
118	木绣球	忍冬科	荚蒾属	*Viburnum macrocephalum*
草本				
119	麦冬	百合科	沿阶草属	*Ophiopogon japonicus*
120	鸢尾	鸢尾科	鸢尾属	*Iris tectorum*

续表

序号	种名	科名	属名	拉丁名
121	沿阶草	百合科	沿阶草属	*Ophiopogon bodinieri*
122	吉祥草	百合科	吉祥草属	*Reineckia carnea*
123	羽衣甘蓝	十字花科	芸苔属	*Brassica oleracea* var. *acephala* f. *tricolor*
124	阔叶麦冬	百合科	山麦冬属	*Liriope platyphylla*
藤本				
125	络石	夹竹桃科	络石属	*Trachelospermum jasminoides*
126	常春藤	五加科	常春藤属	*Hedera nepalensis* var. *sinensis*
127	扶芳藤	卫矛科	卫矛属	*Euonymus fortunei*
128	藤本月季	蔷薇科	蔷薇属	*Rosa chinensis*
129	爬山虎	葡萄科	爬山虎属	*Parthenocissus tricuspidata*
130	南蛇藤	卫矛科	南蛇藤属	*Celastrus orbiculatus*
131	紫藤	豆科	紫藤属	*Wisteria sinensis*
竹				
132	孝顺竹	禾本科	箣竹属	*Bambusa multiplex*
133	矢竹	禾本科	矢竹属	*Pseudosasa japonica*

附录 I 徐州调查公园植物种类汇总表

序号	种名	科名	属名	拉丁名
			乔木	
1	黑松	松科	松属	*Pinus thunbergii*
2	雪松	松科	雪松属	*Cedrus deodara*
3	白皮松	松科	松属	*Pinus bungeana*
4	日本五针松	松科	松属	*Pinus parviflora*
5	圆柏	柏科	圆柏属	*Sabina chinensis*
6	侧柏	柏科	侧柏属	Platycladus orientalis
7	蜀桧	柏科	圆柏属	*Sabina chinensis* 'Pyramidalis'
8	罗汉松	罗汉松科	罗汉松属	*Podocarpus macrophyllus*
9	水杉	杉科	水杉属	*Metasequoia glyptostroboides*
10	银杏	银杏科	银杏属	*Ginkgo biloba*
11	香樟	樟科	樟属	*Cinnamomum camphora*
12	石楠	蔷薇科	石楠属	*Photinia serrulata*
13	女贞	木犀科	女贞属	*Ligustrum lucidum*
14	广玉兰	木兰科	木兰属	*Magnolia grandiflora*
15	夹竹桃	夹竹桃科	夹竹桃属	*Nerium indicum*
16	枇杷	蔷薇科	枇杷属	*Eriobotrya japonica*
17	桂花	木犀科	木犀属	*Osmanthus fragrans*
18	棕榈	棕榈科	棕榈属	*Trachycarpus fortunei*
19	柿树	柿科	柿属	*Diospyros kaki* var. *kaki*
20	梅花	蔷薇科	杏属	*Armeniaca mume* var. *mume*
21	鸡爪槭	槭树科	槭属	*Acer palmatum* var. *palmatum*
22	合欢	豆科	合欢属	*Albizia julibrissin*
23	白蜡	木犀科	梣属	*Fraxinus chinensis*
24	毛泡桐	玄参科	泡桐属	*Paulownia tomentosa*
25	榉树	榆科	榉属	*Zelkova serrata*
26	红枫	槭树科	槭属	*Acer Palmatum* f. *atropurpureum*
27	紫薇	千屈菜科	紫薇属	*Lagerstroemia indica*
28	石榴	石榴科	石榴属	*Punica granatum*
29	元宝槭	槭树科	槭属	*Acer truncatum*
30	重阳木	大戟科	秋枫属	*Bischofia polycarpa*

序号	种名	科名	属名	拉丁名
31	毛白杨	杨柳科	杨属	*Populus tomentosa*
32	紫叶李	蔷薇科	李属	*Prunus cerasifera* f. *atropurpurea*
33	日本樱花	蔷薇科	樱属	*Cerasus yedoensis*
34	日本晚樱	蔷薇科	樱属	*Cerasus serrulata* var. *lannesiana*
35	樱桃	蔷薇科	樱属	*Cerasus pseudocerasus*
36	朴树	榆科	朴属	*Celtis sinensis*
37	三角枫	槭树科	槭属	*Acer buergerianum.*
38	黄山栾树	无患子科	栾树属	*Koelreuteria bipinnata* var. *integrifoliola*
39	杏梅	蔷薇科	杏属	*Armeniaca mume* var. *bungo*
40	黄连木	槭树科	黄连木属	*Pistacia chinensis*
41	刺槐	豆科	刺槐属	*Robinia pseudoacacia*
42	无患子	无患子科	无患子属	*Sapindus mukorossi*
43	枣树	鼠李科	枣属	*Ziziphus jujuba* var. *jujuba*
44	国槐	豆科	槐属	*Sophora japonica*
45	白玉兰	木兰科	木兰属	*Magnolia denudata*
46	旱柳	杨柳科	柳属	*Salix matsudana*
47	桃树	蔷薇科	桃属	*Amygdalus persica*
48	乌桕	大戟科	乌桕属	*Sapium sebiferum*
49	垂丝海棠	蔷薇科	苹果属	*Malus halliana*
50	木绣球	忍冬科	荚蒾属	*Viburnum macrocephalum*
51	山楂	蔷薇科	山楂属	*Crataegus pinnatifida*
52	杏	蔷薇科	杏属	*Armeniaca vulgaris*
53	悬铃木	悬铃木科	悬铃木属	*Platanus orientalis*
54	苹果	蔷薇科	苹果属	*Malus pumila*
55	杜梨	蔷薇科	梨属	*Pyrus betulifolia*
56	梾木	山茱萸科	梾木属	*Swida macrophylla*
57	蜡梅	蜡梅科	蜡梅属	*Chimonanthus praecox*
58	垂丝海棠	蔷薇科	苹果属	*Malus halliana*
59	大青杨	杨柳科	杨属	*Populus ussuriensis*
60	杜仲	杜仲科	杜仲属	*Eucommia ulmoides*
61	龙爪槐	豆科	槐属	*Sophora japonica* var. *japonica* f. *pendula*
62	榆树	榆科	榆属	*Ulmus pumila*
63	木瓜	蔷薇科	木瓜属	*Chaenomeles sinensis*

序号	种名	科名	属名	拉丁名
灌木				
64	美国香柏	柏科	崖柏属	*Thuja occidentalis*
65	大叶黄杨	黄杨科	黄杨属	*Buxus megistophylla*
66	海桐	海桐花科	海桐花属	*Pittosporum tobira*
67	洒金东瀛珊瑚	山茱萸科	桃叶珊瑚属	*Aucuba japonica* var.*variegata*
68	南天竹	小檗科	南天竹属	*Nandina domestica*
69	水果蓝	唇形科	银石蚕属	*Teucrium fruticans*
70	阔叶十大功劳	小檗科	十大功劳属	*Mahonia bealei*
71	金边大叶黄杨	卫矛科	卫矛属	*Euonymus japonicusl* 'Ovatus Aureus'
72	红花檵木	金缕梅科	檵木属	*Loropetalum chinense* var. *rubrum*
73	银姬小蜡	木犀科	女贞属	*Ligustrum sinense* 'Variegatum'
74	六月雪	茜草科	白马骨属	*Serissa japonica*
75	八角金盘	五加科	八角金盘属	*Fatsia japonica*
76	小丑火棘	蔷薇科	火棘属	*Pyracantha fortuneana* 'Harlequin'
77	黄杨	黄杨科	黄杨属	*Buxus sinica*
78	红叶石楠	蔷薇科	石楠属	*Photinia x fraseri*
79	枸骨	冬青科	冬青属	*Ilex cornuta*
80	龟甲冬青	冬青科	冬青属	*Ilex crenata* 'Convexa'
81	无刺枸骨	冬青科	冬青属	*Ilex corunta* var.*fortunei*
82	花叶女贞	木犀科	女贞属	*Ligustrum ovalisolium*
83	亮叶忍冬	忍冬科	忍冬属	*Lonicera ligustrina* subsp. *yunnanensis*
84	瓜子黄杨	黄杨科	黄杨属	*Buxus sinica*
85	银边大叶黄杨	卫矛科	卫矛属	*Euonymus japonicus* 'Albo-marginatus'
86	剑麻	石蒜科	龙舌兰属	*Agave sisalana*
87	火棘	蔷薇科	火棘属	*Pyracantha fortuneana*
88	栀子	茜草科	栀子属	*Gardenia jasminoides*
89	杞柳	杨柳科	柳属	*Salix integra*
90	金丝桃	藤黄科	金丝桃属	*Hypericum monogynum*
91	迎春	木犀科	素馨属	*Jasminum nudiflorum*
92	金森女贞	木犀科	女贞属	*Ligustrum japonicum* 'Howardii'
93	木槿	锦葵科	木槿属	*Hibiscus syriacus*
94	杜鹃	杜鹃花科	杜鹃属	*Rhododendron simsii*

续表

序号	种名	科名	属名	拉丁名
95	小蜡	木犀科	女贞属	*Ligustrum sinense*
96	小叶女贞	木犀科	女贞属	*Ligustrum quihoui*
97	马甲子	鼠李科	马甲子属	*Paliurus ramosissimus*
98	八仙花	忍冬科	荚蒾属	*Viburnum macrocephalum*
99	牡丹	毛茛科	芍药属	*Paeonia suffruticosa*
100	绣线菊	蔷薇科	绣线菊属	*Spiraea salicifolia*
101	连翘	木犀科	连翘属	*Forsythia suspensa*
102	紫荆	豆科	紫荆属	*Cercis chinensis*
103	棣棠	蔷薇科	棣棠花属	*Kerria japonica*
104	贴梗海棠	蔷薇科	木瓜属	*Chaenomeles speciosa*
105	木芙蓉	锦葵科	木槿属	*Hibiscus mutabilis*
106	珍珠梅	蔷薇科	珍珠梅属	*Sorbaria sorbifolia*
107	红瑞木	山茱萸科	梾木属	*Swida alba*
108	结香	瑞香科	结香属	*Edgeworthia chrysantha*
109	黄刺玫	蔷薇科	蔷薇属	*Rosa xanthina*
110	迎夏	木犀科	素馨属	*Jasminum floridum*
111	大花六道木	忍冬科	六道木属	*Abelia* × *grandiflora*
112	琼花	忍冬科	荚蒾属	*Viburnum macrocephalum* f. *keteleeri*
113	卫矛	卫矛科	卫矛属	*Euonymus alatus*
114	枸杞	茄科	枸杞属	*Lycium chinense*
草本				
115	芒	禾本科	芒属	*Miscanthus sinensis*
116	丛生福禄考	花荵科	天蓝绣球属	*Phlox subulata*
117	八宝景天	景天科	八宝属	*Hylotelephium erythrostictum*
118	千叶兰	蓼科	千叶兰属	*Muehlewbeckia complera*
119	麦冬	百合科	沿阶草属	*Ophiopogon japonicus*
120	沿阶草	百合科	沿阶草属	*Ophiopogon bodinieri*
121	红花酢浆草	酢浆草科	酢浆草属	*Oxalis corymbosa*
122	鸢尾	鸢尾科	鸢尾属	*Iris tectorum*
123	吉祥草	百合科	吉祥草属	*Reineckia carnea*
124	大吴风草	菊科	大吴风草属	*Farfugium japonicum*
125	金线蒲	天南星科	菖蒲属	*Acorus gramineus*
126	火炬花	百合科	火炬花属	*Kniphofia uvaria*

序号	种名	科名	属名	拉丁名
127	花叶芦竹	禾本科	芦竹属	*Arundo donax* var. *versicolor*
128	月见草	柳叶菜科	月见草属	*Oenothera biennis*
129	羽衣甘蓝	十字花科	芸苔属	*Brassica oleracea* var. *acephala* f. *tricolor*
130	二月兰	十字花科	诸葛菜属	*Orychophragmus violaceus*
131	黄花鸢尾	鸢尾科	鸢尾属	*Iris wilsonii*
132	睡莲	睡莲科	睡莲属	*Nymphaea tetragona*
133	细叶芒	禾本科	芨芨草属	*Achnatherum pekinense*
134	剑兰	鸢尾科	唐菖蒲属	*Gladiolus gandavensis*
135	天人菊	菊科	天人菊属	*Gaillardia pulchella*
136	玉簪	百合科	玉簪属	*Hosta plantaginea*
137	石竹	石竹科	石竹属	*Dianthus chinensis*
138	亚菊	菊科	亚菊属	*Ajania pallasiana*
139	大花金鸡菊	菊科	金鸡菊属	*Coreopsis grandiflora*
140	毛地黄钓钟柳	玄参科	钓钟柳属	*Penstemon laevigatus* subsp. *digitalis*
141	紫花地丁	堇菜科	堇菜属	*Viola philippica*
142	芍药	毛茛科	芍药属	*Paeonia lactiflora*
143	大滨菊	菊科	滨菊属	*Leucanthemum maximum*
144	泽泻	泽泻科	泽泻属	*Alisma plantago-aquatica*
145	香蒲	香蒲科	香蒲属	*Typha orientalis*
藤本				
146	花叶络石	夹竹桃科	络石属	*Trachelospermum jasminoides* 'Variegatum'
147	常春藤	五加科	常春藤属	*Hedera nepalensis* var. *sinensis*
148	爬山虎	葡萄科	爬山虎属	*Parthenocissus tricuspidata*
149	紫藤	豆科	紫藤属	*Wisteria sinensis*
150	木香	蔷薇科	蔷薇属	*Rosa banksiae*
151	五味子	木兰科	五味子属	*Schisandra chinensis*
竹				
152	刚竹	禾本科	刚竹属	*Phyllostachys sulphurea* 'Viridis'
153	金竹	禾本科	刚竹属	*Phyllostachys sulphurea*

附录 J 青岛、徐州城市园林色叶植物叶色及观叶期

青岛							徐州						
色叶树种	生活型	叶色	观叶期				色叶树种	生活型	叶色	观叶期			
			春	夏	秋	冬				春	夏	秋	冬
红叶石楠	灌木	春、秋新叶亮红	√		√		红叶石楠	灌木	春、秋新叶亮红	√		√	
臭椿	乔木	新叶紫红	√				鸡爪槭	乔木	秋叶鲜红			√	
黄连木	乔木	秋叶橙黄鲜红			√		元宝槭	乔木	秋叶鲜红			√	
鸡爪槭	乔木	秋叶鲜红			√		银杏	乔木	秋叶黄			√	
三角枫	乔木	秋叶暗红、橙			√		三角枫	乔木	秋叶暗红、橙			√	
水杉	乔木	秋叶暗红			√		黄山栾树	乔木	秋叶黄			√	
元宝槭	乔木	秋叶鲜红			√		黄连木	乔木	秋叶橙黄鲜红			√	
五角槭	乔木	秋叶橙黄—红色			√		无患子	乔木	秋叶金黄			√	
槲栎	乔木	秋叶红			√		水杉	乔木	秋叶暗红			√	
红瑞木	灌木	秋叶鲜红			√		悬铃木	乔木	秋叶金黄			√	
悬铃木	乔木	秋叶金黄			√		南天竹	灌木	秋冬叶红			√	
黄山栾树	乔木	秋叶黄			√		红瑞木	灌木	秋叶鲜红			√	
蒙古栎	乔木	秋叶黄			√		毛地黄吊钟柳	草本	秋叶红			√	
麻栎	乔木	秋叶黄、褐			√		小丑火棘	灌木	冬叶变红				√
短柄枹栎	乔木	秋叶黄			√		红枫	乔木	嫩叶红色，老叶终年紫红	√	√	√	√
金钱松	乔木	秋叶金黄			√		紫叶李	乔木	常年紫红	√	√	√	√
银杏	乔木	秋叶黄			√		金森女贞	灌木	叶色金黄	√	√	√	√
南天竹	灌木	秋冬叶红			√	√	洒金东瀛珊瑚	灌木	常年金黄斑点	√	√	√	√
紫叶李	乔木	常年紫红	√	√	√	√	红花檵木	灌木	常年暗红	√	√	√	√

功能导向的节约型园林植物景观设计

续表

青岛							徐州						
色叶树种	生活型	叶色	观叶期				色叶树种	生活型	叶色	观叶期			
			春	夏	秋	冬				春	夏	秋	冬
红枫	乔木	嫩叶红，老叶紫红	√	√	√	√	银姬小蜡	灌木	边缘乳白	√	√	√	√
金叶女贞	灌木	叶色金黄	√	√	√	√	花叶女贞	灌木	叶边缘银白	√	√	√	√
紫叶小檗	灌木	叶色紫红	√	√	√	√	花叶芦竹	草本	黄纹	√	√	√	√
洒金东瀛珊瑚	灌木	常年金黄斑点	√	√	√	√	花叶络石	藤本	斑状花叶、新叶粉红、白	√	√	√	√
花叶女贞	灌木	叶边缘银白	√	√	√	√				√	√	√	√
金心大叶黄杨	灌木	叶中心金黄	√	√	√	√				√	√	√	√
羽衣甘蓝	草本	常年彩叶	√	√	√	√				√	√	√	√

194

附录 K 青岛、徐州城市园林主要观花植物花色花期

观花树种	花色	花期											
		3	4	5	6	7	8	9	10	11	12	1	2
夹竹桃	红	√	√	√	√	√	√	√	√	√	√	√	√
藤本月季	多色	√	√	√	√	√	√	√	√	√			
三叶草	黄	√	√	√	√	√	√	√					√
络石	白	√	√	√	√	√							
栀子	白、乳黄	√	√	√	√	√							
花叶络石	白	√	√	√	√	√							
流苏树	白	√	√	√									
小蜡	白	√	√	√	√								
日本木瓜	砖红	√	√	√									
南天竹	白	√	√	√	√								
小蜡	白	√	√	√	√								
海桐	白	√	√	√									
石岩杜鹃	红、粉红、淡红	√	√	√									
火棘	白	√	√										
文冠果	白，基部紫红或黄	√	√	√									
海桐	白	√	√	√									
水果蓝	蓝	√	√	√									
小丑火棘	白	√	√										
贴梗海棠	猩红，稀淡红或白	√	√	√									
火棘	白	√	√	√									
山茶	红、淡红、白	√	√									√	√
蚊母树	红	√	√										√
洒金东瀛珊瑚	紫褐色												
黄连木	淡绿、紫红	√	√										
桃	粉红	√	√										
碧桃	粉红、罕为白	√	√										
银杏	绿	√	√										
垂丝海棠	紫	√	√										
紫荆	紫红、粉红	√	√										

续表

观花树种	花色	花期											
		3	4	5	6	7	8	9	10	11	12	1	2
樱桃	白	√	√										
紫玉兰	紫、紫红	√	√										
羽衣甘蓝	红粉白	√	√										
连翘	黄	√	√										
银杏	绿	√	√										
樱桃	白	√	√										
朴树	黄白	√	√										
黄连木	淡绿、紫红	√	√										
杏	白或带红	√	√										
红花檵木	白	√	√										
连翘	黄	√	√										
白玉兰	白	√				√	√	√					√
大吴风草	黄	√					√	√	√	√	√	√	√
二乔玉兰	浅红深红	√											√
梅花	白—粉红	√											√
杏梅	白—粉红	√											√
结香	黄	√											√
望春玉兰	白、基部紫红	√											
杜仲	黄	√											
月季	红、粉红、白		√	√	√	√	√	√					
丛生福禄考	粉		√	√	√	√	√	√					
紫花地丁	紫		√	√	√		√	√					
女贞	白		√	√	√	√							
山皂荚	黄绿		√	√	√								
刺槐	白色		√	√	√								
锦带花	紫红、玫瑰红		√	√	√								
紫叶小檗	黄		√	√	√								
黄刺玫	黄		√	√	√								
银姬小蜡	白		√	√	√								
棣棠	黄		√	√	√								

续表

观花树种	花色	花期											
		3	4	5	6	7	8	9	10	11	12	1	2
黄刺玫	黄		√	√	√								
臭椿	淡黄、淡白		√	√									
苦楝	紫白		√	√									
八仙花	白		√	√									
紫丁香	紫色		√	√									
锦鸡儿	黄，略带红		√	√									
榆叶梅	粉红		√	√									
紫藤	紫		√	√									
石楠	白		√	√									
毛泡桐	紫		√	√									
香樟	黄、绿白		√	√									
日本晚樱	白、粉、淡黄		√	√									
木绣球	白		√	√									
杜鹃	红		√	√									
八仙花	白		√	√									
红叶石楠	白		√	√									
枸骨	淡黄		√	√									
无刺枸骨	黄绿		√	√									
鸢尾	蓝紫		√	√									
毛地黄吊钟柳	白、粉、蓝紫		√	√									
羽衣甘蓝	红粉白		√	√									
二月兰	紫		√										
木香	白		√	√									
日本樱花	白、粉红		√										
木瓜	淡粉		√										
琼花	白		√										
紫叶李	白		√										
杜梨	白		√										
泽泻	白			√	√	√	√	√	√				
迎夏	黄			√	√	√	√	√					

续表

观花树种	花色	花　期										
		3	4	5	6	7	8	9	10	11	12	1	2
大花金鸡菊	黄			√	√	√	√	√					
麦冬	白、淡紫			√	√	√	√						
金丝桃	金黄—柠檬黄			√	√	√	√						
马甲子	黄			√	√	√	√						
喜树	淡绿			√	√	√							
扁担木	黄			√	√	√							
石榴	红、黄、白			√	√	√							
枣树	黄绿			√	√	√							
六月雪	白			√	√	√							
五味子	白			√	√	√							
广玉兰	白			√	√								
金银木	先白后黄			√	√								
灯台树	白色			√	√								
荚蒾	白			√	√								
溲疏	白、带粉红斑点			√	√								
花叶女贞	白			√	√								
龟甲冬青	白			√	√								
辽东水蜡	白			√	√								
平枝栒子	粉红			√	√								
枳	白			√	√								
柿树	黄白			√	√								
石榴	红、黄、白			√	√								
山楂	白			√	√								
龟甲冬青	白			√	√								
石竹	紫、粉、红、白			√	√								
芍药	各色			√	√								
大滨菊	白			√	√								
牡丹	红紫、粉红、白			√									
白鹃梅	白			√									
鸡爪槭	紫			√									

续表

观花树种	花色	花　期											
		3	4	5	6	7	8	9	10	11	12	1	2
苹果	白			√									
水生鸢尾	红、紫			√									
大花六道木	白				√	√	√	√	√	√			
枸杞	紫				√	√	√	√	√	√			
阔叶麦冬	紫				√	√	√						
紫薇	淡红、紫、白				√	√	√						
月见草	黄				√	√							
木绣球	绿—白				√	√	√						
沿阶草	白、稍带紫				√	√							
紫薇	淡红、紫、白				√	√	√						
绣线菊	粉红				√	√							
天人菊	橙黄				√	√							
睡莲	白				√	√	√						
红瑞木	白、淡黄白				√	√							
千首兰	白				√	√							
合欢	粉红				√	√							
梾木	白				√	√							
火炬花	橘红				√	√							
金叶女贞	白				√								
水蜡	白				√								
迎春	黄				√								
扶芳藤	白绿				√								
金森女贞	白				√								
爬山虎	黄绿				√								
芒	黄					√	√	√	√	√	√		
吉祥草	粉红					√	√	√	√	√			
木槿	淡紫					√	√	√	√				
刺楸	白色、淡绿黄色					√	√	√					
黄山栾树	黄					√	√	√					
剑兰	红黄白粉					√	√	√					

续表

观花树种	花色	花期											
		3	4	5	6	7	8	9	10	11	12	1	2
龙爪槐	白、淡黄					√	√						
国槐	白、淡黄					√	√						
珍珠梅	白					√	√						
木芙蓉	白、粉红、红						√	√	√				
八宝景天	白、粉						√	√	√				
玉簪	白						√	√	√				
亚菊	黄						√	√					
阔叶十大功劳	黄							√	√	√	√	√	
剑麻	黄绿							√	√	√	√	√	
常春藤	淡黄白、淡绿白							√	√	√			
桂花	黄							√	√				
观赏草	多色							√	√				
枇杷	白									√	√	√	
八角金盘	黄								√	√			

附录 L　青岛、徐州城市园林主要观果植物果色果期

观果树种	果色	果期											
		3	4	5	6	7	8	9	10	11	12	1	2
女贞	深蓝—红黑	√	√	√		√	√	√	√	√	√	√	√
常春藤	红、黄	√	√	√									
桂花	紫黑	√											
蜡梅	黄		√	√	√	√	√	√	√	√			
垂柳	绿黄褐		√	√									
八角金盘	黑		√										
栀子	黄、橙红			√	√	√	√	√	√		√	√	√
南天竹	鲜红			√	√	√				√			
榆叶梅	红			√	√								
常春藤	红、黄			√	√	√							
樱桃	红			√									
梅花	黄、绿白			√	√								
枇杷	黄			√									
枸杞	红				√	√	√	√	√	√			
流苏树	蓝黑、黑				√	√	√	√	√				
无患子	橙黄—黑				√	√	√	√	√				
月季	红				√	√	√	√					
山皂荚	棕色、棕黑色				√	√	√	√					
棣棠	褐、黑褐				√	√							
杏	白黄红				√	√							
柘树	橘红				√	√							
芒	紫					√	√	√	√	√	√		
吉祥草	黑					√	√	√					
苹果	红					√	√	√					
卫矛	红					√	√	√					
五味子	红					√	√	√	√				
紫叶小檗	红					√	√	√	√				
石竹	紫黑					√	√	√					
灯台树	紫红色—蓝黑色					√	√						
黄刺玫	紫褐、黑褐					√	√						
杏梅	黄、绿白					√	√						

续表

观果树种	果色	果期											
		3	4	5	6	7	8	9	10	11	12	1	2
火棘	橘红、深红						√	√	√	√			
香樟	紫黑						√	√	√	√			
小叶女贞	紫黑						√	√	√	√			
龟甲冬青	黑						√	√	√				
合欢	绿						√	√	√				
红瑞木	乳白、蓝白						√	√	√				
黄山栾树	紫红—褐						√	√	√				
金银木	暗红						√	√	√				
日本木瓜	黄						√	√	√				
小丑火棘	红						√	√	√				
沿阶草	黑						√	√	√				
紫荆	绿						√	√	√				
白玉兰	褐						√	√					
碧桃	淡绿白—橙黄						√	√					
扁担木	红						√	√					
刺槐	褐色、具红褐色斑纹						√	√					
杜梨	褐						√	√					
楝木	黑						√	√					
麦冬	黑						√	√					
水蜡	黑						√	√					
桃	橙黄						√	√					
枣树	红紫						√	√					
三角枫	黄褐						√						
元宝槭	淡黄、淡褐						√						
紫叶李	黄红黑						√						
刺楸	蓝黑							√	√	√	√		
小蜡	黑							√	√	√	√		
紫薇	黄绿—紫黑							√	√	√	√		
黄连木	紫红							√	√	√			
荚蒾	红							√	√	√			
垂丝海棠	紫							√	√				

续表

观果树种	果色	果期											
		3	4	5	6	7	8	9	10	11	12	1	2
海桐	黄褐							√	√				
鸡爪槭	紫红—棕黄							√	√				
阔叶十大功劳	深蓝							√	√				
木瓜	暗黄							√	√				
爬山虎	蓝黑							√	√				
平枝栒子	鲜红							√	√				
朴树	红褐							√	√				
琼花	红—黑							√	√				
山楂	深红							√	√				
珊瑚树	红							√	√				
石榴	淡黄褐色、淡黄绿、白、暗紫							√	√				
柿树	橙黄							√	√				
贴梗海棠	黄、黄绿							√	√				
悬铃木	黄绿							√	√				
银杏	黄、橙黄							√	√				
喜树	绿—黄褐							√					
枸骨	鲜红								√	√	√		
亮叶忍冬	紫红—黑								√	√	√		
乌桕	黑								√	√	√		
无刺枸骨	红								√	√	√		
重阳木	褐红								√	√			
扶芳藤	红								√				
红枫	紫红—黄棕								√				
红叶石楠	红								√				
金叶女贞	紫黑								√				
女贞	深蓝—红黑								√				
石楠	红								√				
白皮松	淡黄褐色									√	√		
阔叶麦冬	绿—黑紫									√			
棕榈	黄—淡蓝										√		

附录 M 青岛、徐州植物群落节约度评价体系判定表

准则层	评价因子	等级含义
生态性 B₁	物种丰富度 C₁	1 植物群落种类丰富，物种数 > 30（10 分）
		2 植物群落种类较为丰富，20 < 物种数 ≤ 30（8 分）
		3 植物群落种类一般丰富，10 < 物种数 ≤ 20（6 分）
		4 植物群落种类相对较少，5 < 物种数 ≤ 10（4 分）
		5 植物群落种类非常少，物种数 ≤ 5（2 分）
	物种多样性 C₂	1 Shannon-Wienner 指数 > 2.5（10 分）
		2 2 < Shannon-Wienner 指数 ≤ 2.5（8 分）
		3 1.5 < Shannon-Wienner 指数 ≤ 2（6 分）
		4 1 < Shannon-Wienner 指数 ≤ 1.5（4 分）
		5 Shannon-Wienner 指数 ≤ 1（2 分）
	生长状况 C₃	1 植物生长旺盛，无病虫害（10 分）
		2 植物生长良好，无明显病虫害，对群落健康未造成影响（8 分）
		3 植物生长一般，有些许无病虫害，对群落健康造成一定危害（6 分）
		4 植物生长较差，病虫害较为严重，对群落健康危害较大（4 分）
		5 植物生长极差，病虫害严重，对群落造成严重危害（2 分）
节水性 B₂	耐旱性 C₄	1 80% < 植物群落内耐旱性植物数量比例 ≤ 100%（10 分）
		2 60% < 植物群落内耐旱性植物数量比例 ≤ 80%（8 分）
		3 40% < 植物群落内耐旱性植物数量比例 ≤ 60%（6 分）
		4 20% < 植物群落内耐旱性植物数量比例 ≤ 40%（4 分）
		5 植物群落内耐旱性植物数量比例 ≤ 20%（2 分）
	用水量 C₅	1 无乔灌木覆盖的草坪面积占群落面积比例 ≤ 10%（10 分）
		2 10% < 无乔灌木覆盖的草坪面积占群落面积比例 ≤ 20%（8 分）
		3 20% < 无乔灌木覆盖的草坪面积占群落面积比例 ≤ 30%（6 分）
		4 30% < 无乔灌木覆盖的草坪面积占群落面积比例 ≤ 40%（4 分）
		5 无乔灌木覆盖的草坪面积占群落面积比例 > 40%（2 分）

准则层	评价因子	等级含义
节地性 B₃	层次丰富度 C₆	1 乔木层、灌木层、地被层完整，各层内亚层丰富（10分）
		2 乔木层、灌木层、地被层完整，无亚层或只有两层结构但亚层丰富（8分）
		3 只有两层结构，无亚层（6分）
		4 仅有乔、灌一层结构（4分）
	层次丰富度 C₆	5 仅有地被一层结构（2分）
	立体绿化 C₇	1 垂直绿化等园林形式增加了绿化面积（10分）
		2 没有垂直绿化（5分）
经济性 B₄	乡土性 C₈	1 植物群落乡土植物物种数比例＞60%，地域性特征明显（10分）
		2 50%＜植物群落乡土植物物种数比例≤60%，地域性特征较明显（8分）
		3 40%＜植物群落乡土植物物种数比例≤50%，地域性特征一般（6分）
		4 30%＜植物群落乡土植物物种数比例≤40%，地域性特征不明显（4分）
		5 植物群落乡土植物物种数比例＜30%，无地域性特征（2分）
	养护成本 C₉	1 养护管理中除草、施肥、除虫频率很低，植被耐修剪程度很高（10分）
		2 养护管理中除草、施肥、除虫频率较低，植被耐修剪程度较高（8分）
		3 养护管理中除草、施肥、除虫频率一般，植被耐修剪程度一般（6分）
		4 养护管理中除草、施肥、除虫频率较高，植被耐修剪程度较低（4分）
		5 养护管理中除草、施肥、除虫频率很高，植被耐修剪程度很低（2分）

附录 N 调研群落节约度评价打分表

样地	C_1	C_2	C_3	B_1	C_4	C_5	B_2	C_6	C_7	B_3	C_8	C_9	B_4	A
						青岛								
小青岛公园 1 号样地	8	8	10	3.9082	10	10	1.2380	10	5	0.4106	8	10	3.8846	9.4414
八大关绿地 1 号样地	8	10	10	4.0988	10	10	1.2380	8	5	0.3340	6	10	3.6071	9.2779
中山公园 1 号样地	8	10	10	4.0988	10	10	1.2380	10	5	0.4106	6	8	3.0522	8.7996
百花苑 2 号样地	4	6	10	3.5921	10	4	1.0894	10	5	0.4106	6	10	3.6071	8.6992
栈桥公园 1 号样地	4	4	10	3.4014	10	10	1.2380	6	10	0.2847	6	10	3.6071	8.5313
中山公园 2 号样地	6	8	10	3.8454	10	8	1.1885	10	5	0.4106	6	8	3.0522	8.4967
李沧文化公园 2 号样地	8	10	10	4.0988	10	4	1.0894	10	5	0.4106	4	8	2.7747	8.3736
百花苑 5 号样地	6	10	10	3.4571	10	6	1.1390	10	5	0.4106	6	8	3.3296	8.3363
李沧文化公园 3 号样地	8	8	10	3.9082	10	10	1.2380	10	5	0.4106	4	8	2.7747	8.3315
八大关绿地 2 号样地	4	6	8	3.0131	10	10	1.2380	8	5	0.3340	6	10	3.6071	8.1922
八大关绿地 4 号样地	4	6	8	3.0131	10	10	1.2380	8	5	0.3340	10	8	3.6070	8.1921
中山公园 7 号样地	6	10	10	3.4571	10	6	1.1390	6	5	0.2573	4	10	3.3297	8.1831
小青岛公园 2 号样地	4	2	10	3.2108	10	10	1.2380	6	5	0.2573	4	10	3.3297	8.0358
榉林公园 2 号样地	4	4	8	2.8225	10	8	1.1885	8	5	0.3340	6	10	3.6071	7.9521
中山公园 6 号样地	8	10	10	4.0988	6	6	0.7428	8	5	0.3340	4	8	2.7747	7.9503
李沧文化公园 1 号样地	6	8	10	3.8454	10	8	1.1885	10	5	0.4106	6	6	2.4972	7.9417
唐岛湾滨海公园 1 号样地	2	4	10	3.3387	8	8	0.9904	6	5	0.2573	4	10	3.3297	7.9161
李沧文化公园 4 号样地	6	8	10	3.8454	10	10	1.2380	8	5	0.3340	6	6	2.4972	7.9146
中山公园 5 号样地	10	8	8	3.3920	10	10	1.2380	10	5	0.4106	8	6	2.7746	7.8153
鲁迅公园 1 号样地	6	6	10	3.6548	8	10	1.0399	8	5	0.3340	4	8	2.7747	7.8034
榉林公园 1 号样地	4	4	6	2.2436	10	10	1.2380	6	5	0.2573	8	10	3.8846	7.6235
八大关绿地 3 号样地	6	6	8	3.0759	8	10	1.0399	8	5	0.3340	6	8	3.0522	7.5019
中山公园 4 号样地	6	6	8	3.2665	8	8	0.9904	8	5	0.3340	4	8	2.7747	7.3656
鲁迅公园 2 号样地	2	4	8	2.7597	10	10	1.2380	8	10	0.3614	2	10	3.0522	7.4113
中山公园 3 号样地	6	8	8	3.2665	10	8	1.1885	10	5	0.4106	2	8	2.4973	7.3629
百花苑 1 号样地	4	6	10	3.5921	8	2	0.8418	8	5	0.3340	6	6	2.4972	7.2651
百花苑 4 号样地	6	6	8	3.0759	6	4	0.6933	8	5	0.3340	6	8	3.0522	7.1553
青岛山公园 1 号样地	4	4	6	2.2436	6	10	0.8418	8	10	0.3614	6	8	3.0522	6.4989
百花苑 3 号样地	2	4	8	2.7597	10	2	1.0399	6	5	0.2573	2	8	2.4973	6.5543
青岛水族馆 1 号样地	4	6	6	2.4342	10	10	1.2380	6	5	0.2573	4	6	2.2198	6.1493

续表

样地	C_1	C_2	C_3	B_1	C_4	C_5	B_2	C_6	C_7	B_3	C_8	C_9	B_4	A
							徐州							
彭祖园 5 号样地	6	8	10	3.8454	10	8	1.1885	10	5	0.4106	10	10	4.1620	9.6065
珠山公园 3 号样地	8	10	10	4.0988	8	10	1.0399	10	5	0.4106	8	10	3.8846	9.4339
彭祖园 2 号样地	6	8	10	3.8454	10	8	1.1885	8	5	0.3340	8	10	3.8846	9.2525
珠山公园 6 号样地	6	6	10	3.6548	10	10	1.2380	6	5	0.2573	8	10	3.8846	9.0347
彭祖园 1 号样地	6	8	10	3.8454	10	6	1.1390	10	5	0.4106	10	8	3.6070	9.0021
珠山公园 1 号样地	8	8	8	3.3293	8	10	1.0399	10	5	0.4106	10	10	4.1620	8.9418
奎山公园 4 号样地	8	8	8	3.3293	10	10	1.2380	10	5	0.4106	8	10	3.8846	8.8625
快哉亭公园 3 号样地	8	10	10	4.0988	10	10	1.2380	10	5	0.4106	10	6	3.0521	8.7995
快哉亭公园 1 号样地	6	6	10	3.6548	6	8	0.7923	10	5	0.4106	8	10	3.8846	8.7423
云龙公园 3 号样地	6	10	10	4.0361	10	6	1.1390	10	5	0.4106	8	6	3.0522	8.6378
彭祖园 3 号样地	6	8	10	3.8454	8	10	1.0399	10	5	0.4106	8	6	3.3296	8.6256
珠山公园 2 号样地	6	10	10	4.0988	4	4	0.6933	6	5	0.2573	8	6	3.3296	8.3790
彭祖园 6 号样地	6	8	10	3.8454	10	8	1.1885	10	5	0.4106	4	8	2.7747	8.2193
云龙公园 4 号样地	6	8	10	3.8454	8	6	0.9409	8	5	0.3340	10	6	3.0521	8.1724
云龙公园 2 号样地	6	8	10	3.8454	10	6	1.1390	8	10	0.3614	4	8	2.7747	8.1205
东坡养生广场 2 号样地	6	8	10	3.8454	8	6	0.9409	6	5	0.2573	6	8	3.0522	8.0958
奎山公园 3 号样地	8	6	10	3.7176	10	10	1.2380	8	5	0.3340	4	8	2.7747	8.0643
彭祖园 4 号样地	6	8	10	3.8454	10	10	1.2380	10	5	0.4106	6	6	2.4972	7.9913
珠山公园 5 号样地	4	4	10	3.4014	10	10	1.2380	6	5	0.2573	6	8	3.0522	7.9489
珠山公园 4 号样地	8	10	8	3.5199	8	4	0.8914	10	5	0.4106	6	8	3.0522	7.8740
快哉亭公园 2 号样地	6	6	10	3.6548	8	6	1.0399	8	10	0.3614	4	8	2.7747	7.8308
珠山公园 7 号样地	4	2	10	3.2108	4	10	0.6438	8	5	0.3340	6	10	3.6071	7.7957
奎山公园 2 号样地	8	8	8	3.3293	8	8	0.9904	10	5	0.4106	6	8	3.0522	7.7825
东坡养生广场 1 号样地	6	6	10	3.6548	10	10	1.2380	8	5	0.3340	6	6	2.4972	7.7240
奎山公园 1 号样地	6	6	10	3.6548	6	10	0.8418	10	5	0.4106	4	8	2.7747	7.6820
滨湖公园 3 号样地	4	4	10	3.4014	6	8	0.7923	8	5	0.3340	2	10	3.0522	7.5800
珠山公园 8 号样地	6	8	10	3.8454	10	6	1.1390	8	5	0.3340	4	6	2.2198	7.5381
云龙公园 1 号样地	4	2	8	2.6319	4	10	0.6438	8	5	0.3340	6	10	3.8846	7.4942
滨湖公园 1 号样地	8	6	10	3.7176	6	6	0.7428	10	5	0.4106	4	6	2.2198	7.0908
滨湖公园 2 号样地	4	2	8	2.6319	4	10	0.6438	8	5	0.3340	6	8	3.0522	6.6618

207

附录 O 城市园林植物群落美景度评分表

专业：□园林等相关专业 □其他　　学历：□大学以下 □大学 □硕士及以上
年龄：□20岁以下 □20~30岁 □30~40岁 □40~50岁 □50岁以上　性别：□男 □女
（用于复制的 □√）

植物是活的有机体，是城市园林中非常重要的元素之一，它不仅美化了我们的生活环境，为城市环境带来生态效益，还往往能够展示一个城市的地域性特色。怎样的植物群落更受大家喜欢，这正是我所研究的课题。以下调查仅用于本人硕士论文研究，希望您对图片所示植物群落（共计 2 组各 30 个群落，为展示群落全貌，部分群落包含 2 张照片）做出评分，想象当您走进其中的感受，并将分值填入每张图片右下角方框，每张图片间不超过 8s。每张图片越示风景越美，数值越大表示风景越美，数值越小表示风景越不美（见上表）。请每位评判者不受他人影响独立完成。
评价标准采用七分制（-3、-2、-1、0、1、2、3）。

美景度等级评定表

等级	极不美	很不美	不美	一般	美	很美	极美
分值	-3	-2	-1	0	1	2	3

第一组

编号	1	2	3	4	5	6	7	8	9	10	11	12	13	14	15
分值															
编号	16	17	18	19	20	21	22	23	24	25	26	27	28	29	30
分值															

第二组

编号	1	2	3	4	5	6	7	8	9	10	11	12	13	14	15
分值															
编号	16	17	18	19	20	21	22	23	24	25	26	27	28	29	30
分值															

第一组

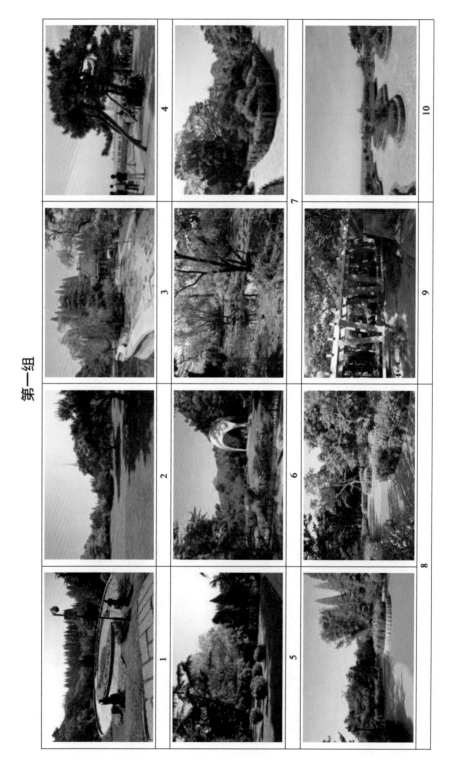

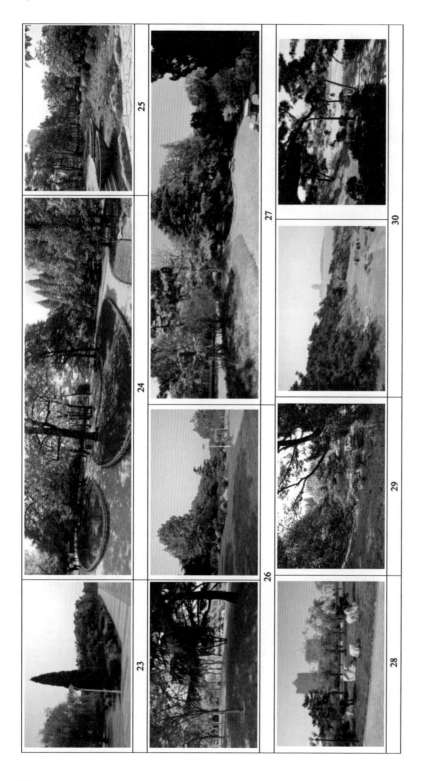

第二组

第一组

序号	样地	序号	样地	序号	样地
1	百花苑4号样地	11	百花苑1号样地	21	桦林公园2号样地
2	中山公园6号样地	12	中山公园3号样地	22	桦林公园1号样地
3	八大关绿地3号样地	13	中山公园4号样地	23	李沧文化公园1号样地
4	栈桥公园1号样地	14	百花苑3号样地	24	八大关绿地2号样地
5	百花苑2号样地	15	小青岛公园2号样地	25	李沧文化公园3号样地
6	中山公园7号样地	16	鲁迅公园1号样地	26	李沧文化公园2号样地
7	中山公园5号样地	17	中山公园2号样地	27	唐岛湾滨海公园1号样地
8	中山公园1号样地	18	八大关绿地1号样地	28	八大关绿地5号样地
9	青岛山公园1号样地	19	小青岛公园1号样地	29	百花苑5号样地
10	青岛水族馆1号样地	20	李沧文化公园4号样地	30	鲁迅公园2号样地

第二组

序号	样地	序号	样地	序号	样地
1	云龙公园2号样地	11	东坡养生广场2号样地	21	珠山公园5号样地
2	云龙公园4号样地	12	奎山公园4号样地	22	彭祖园4号样地
3	彭祖园6号样地	13	珠山公园4号样地	23	彭祖园5号样地
4	快哉亭公园1号样地	14	快哉亭公园2号样地	24	珠山公园3号样地
5	快哉亭公园3号样地	15	珠山公园8号样地	25	东坡养生广场3号样地
6	奎山公园3号样地	16	云龙公园1号样地	26	彭祖园1号样地
7	彭祖园2号样地	17	滨湖公园3号样地	27	奎山公园1号样地
8	珠山公园2号样地	18	云龙公园3号样地	28	奎山公园3号样地
9	滨湖公园2号样地	19	滨湖公园1号样地	29	珠山公园7号样地
10	彭祖园4号样地	20	奎山公园1号样地	30	珠山公园6号样地

参 考 文 献

[1]   Bartlett RA. Yellowstone: A Wilderness Besieged [M]. Tucson: University of Arizona Press, 1985.

[2]   Benson S. Delightfully Dry, American Nurseryman [EB/OL]. [2013-02-01]. http://www.amerinursery. com/growing/media/delightfully-dry/.

[3]   Blanc A. Landscape Construction and Detailing [M]. New York: McGraw-Hill Professional press, 1996.

[4]   Bray Z. Reconciling development and natural resource beauty: the promise and dilemma of conservation easements [J]. Harvard Environmental Law Review, 2010, 34(1):119-177.

[5]   Butler L, Moronekd M. Urban and Agricultural Communities: Opportunities for Common Ground[J]. CAST, 2002, 9(7):48–50.

[6]   Caldwell. With xeriscaping, grass needn't always be greener [N]. USA Taday, 2007-07-16.

[7]   Colin C .The New York green roof policy task force: a model f or context-appropriate urban green roof Development [C]. First Annual Greening Roof tops for Sustainable Communities Conference, Chicago: 2003,09.

[8]   Crofts, RS. The Landscape Component Approach to Landscape Evaluation [J].Transactions of the Institute of British Geographers,1975,66:124-129.

[9]   Crouch DP, Galen Cranz. The Politics of Park Design: A History of Urban Parks in America [J]. American Historical Review, 1984, 88(5): 1334.

[10]   Daniel TC, Boster RS. Measuring landscape esthetics: the scenic beauty estimation method [M]. USDA Forest Service Research Paper, Rocky Mountain Forest and Range Experiment Station (RM-167): 66, 1976, 167.

[11]   Daniel TC. and Vining J. Methodological issues in the assessment of landscape quality [A]. In: Behavior and the Natural Environment [C], Vol.6. Altman and Whohlwill eds. New York: Plenum Press. 1983.

[12]   Detunji A. Effect of mulches and irrigation on growth and yield of lettuce in semi-arid region [J]. Biotroncics, 1990, 19: 93-98.

[13]   EPA. Water Smart Landscapes [EB/OL]. [2016-07-08]. http//:www3.epa.gov/watersense/docs/ water-efficient_landscape ping_508. pdf.

[14]   Ferris J, Norman C, Sempik J. People, land and sustainability: Community gardens and the social dimension of sustainable development [J]. Social Policy & Administration, 2001, 35(5):559-568.

[15]   Fisher, Irving D. Frederick Law Olmsted and the city planning movement in the United States [M]. Michigen: UMI Research Press, 1986.

[16]   Germic S. American Green: Class, Crisis, and the Deployment of Nature in Central Park, Yosemite, and Yellowstone [J]. Lexington Books, 2001, 25(1):101-102.

[17]   Goode DA. Urban nature conservation in Britain [J]. Journal of Applied Ecology，1989，26 (3)：859-873.

[18] Herman R. Green Roofs in Germany: Yesterday, Today and Tomorrow[C]. 1st North America green roof conference: Greening rooftops for sustainable communities, Chigagou, 2003,32(22): 41-45.

[19] Howard T. Odum, B. Odum. Concepts and methods of ecological engineering [J]. Ecological Engineering .2003, 20(5)339-361.

[20] Howett C. Ecological Values in Twentieth-Century Landscape Design: A History and Hermeneutics [J]. Landscape Journal, 1998, 17(2): 80-98.

[21] Ioanna Fanarotu, Dimitris Skuras. The Contribution of Scenic Beauty indicatiors in Estimation Environmental Welfare Measures: a case study [J]. Social Indicators Reasearch. 2004, (65), 145-165

[22] John WW, Edmund S. Extensive green roof plant selection and characteristics [C]. First Annual Greening Rooftops for Sustainable Communities Conference, Chicago: 2003,09

[23] Lain MR，Susanne KF. A closer look at seattle's freeway park: suggest lessons for other cities [J]. Landscape Architecture，2005，(11)：6.

[24] Mcpherson EG. Structure and sustainability of Sacramento's Urban Forestry [J]. Journal of Arboriculture, 1998, 24(2):174-189.

[25] MG Turner，RH Gardner，RV O'Neill, et at. Landscape Ecology in Theory and Practice [J]. Geography, 2002, 83(5): 479-494.

[26] Miyawaki A，Fujiwara K，Osawa M．Native species by native trees [J]．Bulletin of the Institute of Environmental Science and Technology，1993a(19)：73-107.

[27] Miyawaki A.Creative ecology：Restoration of native forests by native trees [J].Plant Biotechnology，1999，10(1)：15-25.

[28] Naveh, Zev. Arthur S Lieberman. Landscape Ecology-Theory and Application [M]. Springer-Veralg.1984.

[29] Ribe RG. A general model for understanding the perception of scenic beauty in northern hardwood forests [J]. Landscape Journal. 1990, 9(2): 86-101.

[30] Smardon RC, Palmer JF, Felleman JP. Foundations for Visual Project Analysis [M].New York: Wiley, 1986.

[31] Smetana SM, Crittenden JC. Sustainable plants in uran parks: a life cycle analysis of traditional and alternative lawns in Georgia, USA [J]. Landscape and Uran Planning, 2014, 122(2):140-151.

[32] Smith B, Patrick RJ. Xeriscape for urban water security: a preliminary study from Saskatoon, Saskatchewan [J]. Canadian Journal of Uran Research, 2011, 20(2):56-70.

[33] Smith GD, Coughlan KJ, Yule DF, et al. Oil management options to reduce runoff and erosion on a hard setting alfisol in the semi-arid tropics [J]. Soil Tillage Res, 1992, 25: 195-215.

[34] Staffelbach E. A new foundation for forest aesthetics [J]. Allgemeine Forstzeitschrift. 1984, 39: 1179-1181.

[35] Tilander Y, Bononzi M. Water and nutrient conservation through the use of agroforestry mulches and sorghum yield response [J]. Plant and Soil, 1997, 197: 219-232.

[36] Tyrvainen L, Silvennoinen H, Nousiainen I. Rural tourism in Finland: Tourists expectation of landscape and environment [J]. Scandinavian Journal of Hospitality and Tourism. 2001, 1(2): 133-149.

[37] Victor Papanek. Design for the Real World: Human Ecology and Social Change [J].Journal of Design History. 1985, (6)4:307-310.

功能导向的节约型园林植物景观设计

[38]　Vodak MC., Roberts PL., Wellman JD. Scenic impacts of eastern hardwood management [J]. Forest Science. 1985, 31(2): 289-301.

[39]　Williams S, Vangool B. Creating the prairie xeriscape: low-maintenance water-efficient gardening [D]. Saskatchewan: University of Saskatchewan, 1997.

[40]　Zube E. The Advance of Ecology [J]. Landscape Architecture, 1986, 3(4): 58-69.

[41]　Zube E H, Pitt DG. and Anderson TW. Perception and prediction of scenic resource values of the Northeast [A]. In: Zube EH, Brush RO. and Fabos JG. (Eds.) Landscape Assessment: Values, Perceptions and Resources [C]. Dowden, Hutchinson and Ross Stroudsburg, PA, 1975, pp151-167.

[42]　Zube EH, Taylor JG. Landscape Perception: Research Application and Theory [J]. Landscape Planning,1982,9(1):1-33.

[43]　陈倬.青岛植物的景观 [J]. 山东大学学报（理学版），1958, (1):257-272.

[44]　车生泉.城市生态型绿地研究 [M]. 北京：科学出版社,2012.

[45]　崔家新.地域文化对济南园林的影响初探 [D]. 南京：南京林业大学,2006.

[46]　程军宏，郏燕婷，朱迎新，等.建设节地型园林 [J]. 河北林业科技,2007, 35(S1):165-166.

[47]　储亦婷，杨学军，唐东芹.从群落生活型结构探讨近自然植物景观设计 [J]. 上海交通大学学报（农业科学版）,2004,22(2):176-180.

[48]　董丽.低成本风景园林设计研究 [D]. 北京：北京林业大学,2013.

[49]　段瑜，张建林.节约型植物景观设计初探 [J]. 西南园艺,2006, 34(3): 21-23.

[50]　郭汉全.节约型园林绿地规划设计研究 [D]. 泰安：山东农业学,2008.

[51]　郭婷婷.徐州城市绿地开放空间的设计研究 [D]. 南京：南京林业大学,2011.

[52]　郭云峰，蔡志远，武庆树，等.天津市土壤资源与种植业结构调整 [J]. 天津农林科技,2005, 58(1): 30-32.

[53]　华栋.徐州植物区系组成及其特点 [J]. 徐州师范学院学报（自然科学版），1991, 9(4):52-56.

[54]　黄小飞，杨柳青.浅议节约型园林绿化及其主要类型 [J]. 湖南林业科技,2010, 37(1): 54-56.

[55]　季翔，单磊，巩艳玲.徐州城市建筑色彩规划设计与管理研究 [J]. 现代城市研究,2010, (1):54-60.

[56]　焦会玲 浅论北方地区园林绿化设计中的节水措施 [J]. 内蒙古林业科技,2006, 32(3):33-34.

[57]　江塈.生态型绿化法在上海"近自然"群落建设中的应用 [J]. 中国园林,2009, 20(2):38-40.

[58]　江苏省徐州市土壤普查办公室.徐州市土种志 [M]. 徐州：江苏省徐州市土壤普查办公室,1987.

[59]　金小婷，王策，尹林克.干旱区节水型园林植物群落景观评价——以吐鲁番沙漠植物园人工荒漠植物群落为例 [J]. 河北农业科学,2011, 15(10):48-53.

[60]　冷平生.园林生态学 [M]. 北京：气象出版社,2001.

[61]　李皓.绿色城市的节水绿化 [J]. 科技潮,2006, 18(11):28-29.

[62]　李沪波.青岛市园林绿化树种的调查与评价研究 [D]. 杨凌：西北农林科技大学,2009.

[63]　李卫红，杨柳青.低成本植物景观设计研究 [J]. 现代农业科技,2012, 41(24): 203-204.

[64]　李晓楠，郑雷.以地域文化为背景的徐州城市公共艺术创作研究——以徐州市为例 [J]. 江苏建筑,2012, (6):6-9.

[65]　刘灿.综合性公园景观的感知倾向与审美差异研究 [D]. 哈尔滨：东北农业大学,2010.

[66]　刘家宜.天津植物志 [M]. 天津：天津科学技术出版社,2004.

[67] 刘建国 . 浅议节约型园林视角下的树种设计原则 [J]. 河北旅游职业学院学报 , 2011, 16(1): 79-81.

[68] 刘诗平 , 顾瑞珍 , 王敏 , 等 . 触目惊心水危机 : 300 多个城市缺水十大水系一半污染 [J]. 人民文摘 , 2015, 15(1): 56-57.

[69] 龙俊平 . 植物景观设计中低成本战略 [J]. 城市建筑 , 2013,58(20):177.

[70] 卢凤祥 , 吴超然 , 王雪芹 . 宿根花卉在节水园林中的调查应用 [J]. 黑龙江科学 , 2013, 4(2):32-35.

[71] 吕长宝 , 杨荣青 . 刍议节地要素在节约型园林绿化建设中的应用 [J]. 魅力中国 , 2014, 10(17): 320.

[72] 毛振华 . 不同灌溉条件下六种地被植物的耗水特性 [D]. 呼和浩特 : 内蒙古农业大学 , 2011.

[73] 倪文峰 . 上海城市公园节约型植物群落调查研究 [D]. 上海 : 上海交通大学 , 2010.

[74] 聂桅 . 青岛市生态农业的发展现状及对策 [D]. 青岛 : 青岛大学 , 2011.

[75] 青岛市史志办公室 . 青岛市志・气象志 [M]. 北京 : 新华出版社 , 1997.

[76] 青岛市史志办公室 . 青岛市志・自然地理志 [M]. 北京 : 新华出版社 , 1997.

[77] 青岛市史志办公室 . 青岛市志・文化志 / 风俗志 [M]. 北京 : 新华出版社 ,1998.

[78] 青岛市史志办公室 . 青岛市志・旅游志 [M]. 北京 : 新华出版社 , 1999.

[79] 申杨婷 , 低成本创造性景观设计研究 [D]. 北京 , 北京林业大学 , 2013.

[80] 沈淑红 . 城市住宅小区节水景观研究——以杭州市为例 [D]. 杭州 : 浙江大学 , 2005.

[81] 史桂菊 , 李德俊 , 郑长陵 , 等 . 徐州市城市水文现状与发展 [J]. 河南科技 , 2012, (5):31-32.

[82] 宋亚男 . 上海城市公园植物群落特征与景观美学评价研究 [D]. 上海 : 上海交通大学 , 2011.

[83] 孙洁 . "徐州本土文化" 地方课程的开发与实施研究 [D]. 南京 : 南京师范大学 , 2007.

[84] 唐东芹 , 杨学军 , 许东新 . 园林植物景观评价方法及其应用 [J]. 上海园林科技 . 2002, (1):59-62.

[85] 王冰 , 宋力 . 景观美学评价中心理物理学方法的理论及其应用 [J]. 安徽农业科学 , 2007, 35(12):3531-3532.

[86] 王芳 . 低成本景观设计研究 [J]. 华侨大学学报 (哲学社会科学版),2010,31(4):52-60.

[87] 王国玉 , 白伟岚 , 梁尧钦 . 我国城镇园林绿化树种区划研究新探 [J]. 中国园林 , 2012, 28(2):5-10.

[88] 王竞红 . 园林植物景观评价体系的研究 [D]. 哈尔滨 : 东北林业大学 , 2008.

[89] 王利平 . 干旱地区城镇绿化景观建设模式探讨 [J]. 内蒙古水利 , 2013,33(3): 77-78.

[90] 王娜 . 基于 SBE 对太原市公园植物配置的研究 [D]. 杨凌 : 西北农林科技大学 , 2011.

[91] 王玉涛 . 北京城市优良抗旱节水植物材料的筛选与评价研究 [D]. 北京 : 北京林业大学 , 2008.

[92] 吴旭鹏 , 低成本绿地景观设计探讨 [D]. 兰州 , 兰州大学 , 2014.

[93] 吴玉 . 节约型生态园林景观设计与植物配置分析探讨 [J]. 中外建筑 , 2011 (1): 105-107.

[94] 武菊英 , 王国进 . 可持续旱景园林与观赏草 [J]. 科技潮 , 2003,15(10):42-43.

[95] 夏繁茂 . 节约型园林植物的应用与优化研究 [D]. 南京 : 南京林业大学 , 2012.

[96] 向慧敏 . 居住区景观设计节水研究 [D]. 郑州 : 华北水利水电大学 , 2014.

[97] 谢飞 , 王婷 . 基于节约型园林理念的植物配置模式探讨 [J]. 现代园艺 , 2012, (19):91-92.

[98] 肖国增 . 重庆城市公园绿地植物景观评价研究 [D]. 重庆 : 西南大学 , 2007.

[99] 徐州市水利局 . 徐州市水利志 [M]. 徐州 : 中国矿业大学出版社 , 2004.

[100] 许大为 , 李羽佳 . 基于 SD-SBE 法的专家与公众审美差异研究 [J]. 中国园林 , 2014, (7):52-56.

[101] 阎淑龙 , 天津城市道路绿地植物景观研究 [D]. 北京 : 北京林业大学 , 2010.

[102] 杨君.北京节水型绿地植物配置模式优化研究[D].北京：北京林业大学，2005.

[103] 杨瑞卿，杨学民.徐州市种子植物区系成分研究[J].安徽农业科学，2007，35(26):8323-8324.

[104] 杨艳娟，任雨，郭军，等.1951—2009年天津市主要极端气候指数变化趋势[J].气象与环境学报，2011，27(5): 21-26.

[105] 俞孔坚.风景资源评价的主要学派及方法[J].城市设计情报资料.青年风景师(文集).1988: 31-41.

[106] 俞孔坚.自然风景景观评价方法[J].中国园林，1986，(3):38-39.

[107] 俞孔坚.节约型城市园林绿地理论与实践[J].风景园林，2007，3(1): 55-64.

[108] 袁新旺，韩磊，温慧.谈城市园林绿化节水措施[J].现代园艺，2012，34(10): 105-105.

[109] 张凤玲，城市公园节约型景观设计初探[D].广州：华南理工大学，2011.

[110] 张活明，谢裕华，周海燕.节约型园林建设中的植物修剪[J].中国园艺文摘，2010 (2): 58-59.

[111] 张瑞利 植物景观的节水设计[J].山西建筑，2007，33(12):344-345.

[112] 张文杰.张立磊.从园林绿化的角度探讨节约用水[J].北方园艺，2011，35(16):133-135.

[113] 张绪良，陈东景，宗振，等.青岛市城市绿地种子植物区系的构成特征[J].城市环境与城市生态，2013，(6):11-14.

[114] 郑慧莹.法瑞地植物学派的特征种概念及其有关问题[J].植物生态学与地植物学丛刊，1964，2(1): 128-134.

[115] 钟素飞.长沙市公园绿地典型园林植物群落美景度与偏好度评价研究[D].长沙：中南林业科技大学，2011.

[116] 周春玲，张启翔，孙迎坤.居住区绿地的美景度评价[J].中国园林，2006，22(4):62-67.

[117] 朱建宁.因地制宜，建设节约型园林.中国建设报[N]，2006-09-05(007).

[118] 邹巨龙，珠三角居住区低成本景观设计研究[D].广州：华南理工大学，2012.

[119] 邹浓娇.节约型园林景观设计及植物配置方法研究[J].科技创新与应用，2013 (19): 134-134.